交流电磁场
检测技术及其应用

主 编 李得彬

上海交通大學出版社
SHANGHAI JIAO TONG UNIVERSITY PRESS

内容提要

本书主要内容包括无损检测技术概述、电磁检测的物理基础、交流电磁场检测技术(ACFM)的物理原理、ACFM检测系统、ACFM软件及信号分析、ACFM焊缝检测和ACFM工作人员资质要求。本书阐明了交流电磁场检测技术的发展背景、工作原理、使用方法和实际应用等。本书可为交流电磁场检测技术的研究与应用提供很大的帮助,适合测控技术专业和材料无损检测专业方向的学生、科研工作者以及无损检测技术从业者阅读和参考,亦可作为ACFM资格鉴定与认证的培训教材。

图书在版编目(CIP)数据

交流电磁场检测技术及其应用/李得彬主编. —上海:上海交通大学出版社,2022.2
ISBN 978-7-313-25921-9

Ⅰ.①交… Ⅱ.①李… Ⅲ.①电磁检验—无损检验—研究 Ⅳ.①TG115.28

中国版本图书馆CIP数据核字(2021)第235420号

交流电磁场检测技术及其应用
JIAOLIUDIAN CICHANG JIANCE JISHU JI QI YINGYONG

主　　编: 李得彬
出版发行: 上海交通大学出版社　　地　　址: 上海市番禺路951号
邮政编码: 200030　　电　　话: 021-64071208
印　　制: 上海景条印刷有限公司　　经　　销: 全国新华书店
开　　本: 710mm×1000mm　1/16　　印　　张: 6.5
字　　数: 110千字
版　　次: 2022年2月第1版　　印　　次: 2022年2月第1次印刷
书　　号: ISBN 978-7-313-25921-9
定　　价: 36.00元

编　委　会

主　编

李得彬　上海麒济检测科技有限公司

副主编

刘　军　中信戴卡股份有限公司

孙长保　中海油田服务股份有限公司

李　伟　中国石油大学(华东)

张福旺　中信戴卡股份有限公司

参　编

王冬冬　国核电站运行服务技术有限公司

王先锋　上海麒济检测科技有限公司

袁阳景　上海麒济检测科技有限公司

前 言

交流电磁场检测技术(ACFM)是一种新型的无损检测和诊断技术,用于检测金属构件表面和近表面的裂纹缺陷,可以测量裂纹长度及计算裂纹深度,具有非接触测量、受工件表面影响小等特点。该检测技术在海上设施的水下无损检测、带涂层服役产品的表面缺陷检测中的应用十分广泛。

交流电磁场检测技术是在20世纪90年代兴起的无损检测技术,并于20世纪90年代中后期首次应用于海洋石油平台的检测。尽管我国目前在相关研究和应用领域已经取得了一定进展,但是对该项技术的深入研究仍处于理论和试验阶段,并且只有个别领域和行业能够借助国外的设备和标准文献开展应用。因此,该技术在我国还未达到成熟阶段,研究和应用也远未形成规模。然而,该项检测技术具有非常丰富的应用场景、应用潜力以及较高的研究价值,本书系统介绍了该技术的相关细节,旨在提高我国各相关行业对该技术的了解并能够实现应用,同时将该技术作为材料无损检测方法的一个有力补充。

本书共分为7章,第1章～第4章由李得彬撰写,第5章由李伟撰写,第6章由孙长保撰写,第7章由张福旺、刘军撰写。全书由李得彬负责统稿并修改。

本书的编撰和出版得到了南昌航空大学测光学院的支持,作者谨表示衷心感谢,同时也感谢王冬冬完成本书的校对工作。

由于作者的水平有限,书中可能存在不足之处,恳请读者给予批评和指正。

李得彬

2021年7月 上海

术语对照表

边缘效应(edge effect):在电磁检测中,由于靠近测试对象边缘等几何结构突变的情况而引起的磁场和涡流干扰。这种效应通常会掩盖受影响区域内的不连续。

磁场强度(magnetic field intensity):磁场在某一特定点的强度,以A/m计。

磁导率(permeability):磁感应强度与磁场强度之比。

磁感应强度(magnetic flux density):又称为磁通密度,单位面积法向磁通量,单位为特斯拉(T)。

磁滞回线(magnetic hysteresis loop):显示磁感应强度 B 随磁场强度 H 的变化曲线,当磁场强度在正、负两个方向上依次增加到饱和点时,曲线形成一个特征形状的环。

电导(conductance):用 G 表示,单位为西门子(S),与电阻 $R(\Omega)$成反比,$G=1/R$。

电导率(conductivity):材料传输电流的能力,用 σ 表示,单位为西门子/米(S/m),与电阻率 ρ 成反比关系,$\sigma=1/\rho$。

蝶形图(butterfly chart):以 B_z 为横坐标、B_x 为纵坐标画出来的图形。

霍尔元件:产生与磁场强度和偏置电流之积成正比的输出电动势的半导体元件。

激励线圈(excitation coil):承载励磁电流的线圈,也称为初级线圈或绕组。

交流电(alternating current):电流的大小和方向随时间做周期性的变化。

交流电磁场(alternating current field):交流电流在导体周围产生的变化磁场。

模数转换(analog-to-digital conversion)：一种电路，输入的是模拟信号，经过该电路后转化为数字信号输出。

趋肤效应(skin effect)：又名集肤效应，电流穿透导体的深度随着电流频率的增加而减小的现象。在非常高的频率下，电流被限制在极薄的导体外层。

热影响区(heat affected zone, HAZ)：在钎焊、切割或焊接过程中未熔化，但其微观结构和物理性能因热而改变的母材。

人工缺陷(artificial defect)：人为加工的缺陷。

数据采集(data collection)：自动采集测得的设备模拟信号或者数字信号，并送到上位机中分析、处理。

衰减(attenuation)：通常称为损耗，可以用分贝表示，也可以用输入量与输出量之比表示。

提离(lift-off)：探头线圈与测试对象之间的距离。

提离效应(lift-off effect)：在电磁检测系统输出时，当测试对象与探针之间的距离变化时，由于它们之间的耦合变化而观察到的效应。

填充系数(fill factor)：对于环绕线圈的电磁测试，指测试对象的横截面面积与环绕线圈的有效横截面面积的比值(线圈的外径，而不是与物体相邻的内径)；对于内部探头的电磁测试，指内部探头线圈有效横截面的面积与管道内部横截面面积的比值。

涡流(eddy current)：由交变磁场在导体中感应产生的电流。

信噪比(signal-to-noise ratio, SNR)：信号功率(包含相关信息的响应)与基线噪声功率(包含非相关信息的响应)的比率，科学和工程中常用的一种度量，用于比较所需信号强度与背景噪声的强度，以分贝(dB)为单位表示。

直流电(direct current)：电荷单向流动或移动，电流密度会随时间变化而变化，但移动方向始终不变。

ASNT(American Society for Nondestructive Testing)：美国无损检测学会。

IACS：国际退火铜标准。

目 录

第1章 概 述

1.1 无损检测简介

无损检测(non-destructive testing, NDT)就是利用物质的声、光、电、磁及热等特性,在不损害或不影响被检对象使用性能的前提下,对被检对象中是否存在缺陷或不连续进行检测,给出缺陷的大小、位置、性质和数量等信息,进而判定被检对象所处技术状态(如合格与否、能否继续使用等)的所有技术手段的总称。

与有破坏性的检测相比,无损检测具有以下显著特点:①非破坏性,该技术不会损害被检对象的使用性能,因此无损检测又称为非破坏性检测;②全面性,正因为该技术具有非破坏性,所以必要时可对被检对象进行100%的全面检测;③全程性,无损检测既可以对制造用原材料、各中间工艺环节和最终的产品进行全程检测,也可对服役中的设备进行检测,如桥梁、房屋建筑、各类输送管道、机械零部件及汽车、飞机、轮船、核反应堆、宇航设备和电力设备等。

开展无损检测的研究与实践有多方面的意义,主要表现在可改进生产工艺、提高产品质量、保证设备的安全运行以及降低生产成本等方面。

目前,石油化工、电力、机械工程、冶金制造等领域所使用的无损检测技术主要有射线检测技术(radiographic testing, RT)、超声检测技术(ultrasonic testing, UT)、磁粉检测技术(magnetic particle testing, MT)、渗透检测技术(penetrant testing, PT)、涡流检测技术(eddy current testing, ECT)、漏磁检测技术(magnetic flux leakage testing, MFL)、目视检测技术(visual testing, VT)、泄漏检测技术(leak testing, LT)、声发射检测技术(acoustic emission testing，AET)、红外热成像检测技术(infrared thermal testing，IRT)等。除此之外，经过十几年来对上述主要方法的进一步研究，又衍生出一些基于上述物理原理但更为先进的检测方法与技术，例如通过对超声检测的进一步研究，超声相控阵检测技术(phased array ultrasonic testing，PAUT)和超声衍射时差技术(time of flight diffraction，TOFD)得到了应用；通过对射线检测的进一步研究，在传统感光胶片成像的基础上，数字X射线摄影(digital radiography，DR)和计算机X射线摄影(computed radiography，CR)得到了应用；通过对电磁检测的进一步研究，交流电磁场检测技术(alternating current field measurement，ACFM)也得到了应用。

1.2 常见传统无损检测技术简介

1.2.1 射线检测技术

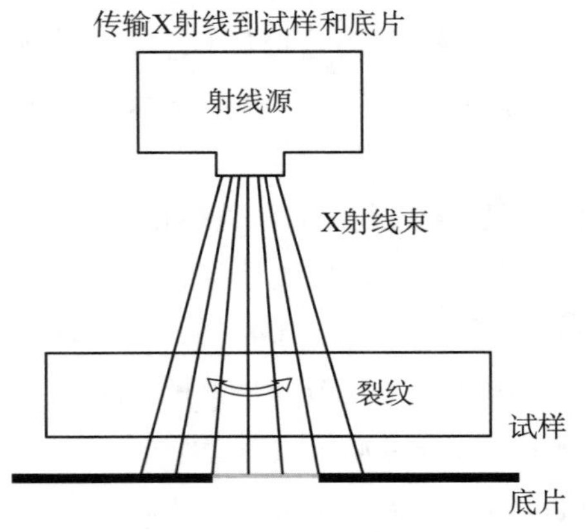

图1-1 射线检测示意图

(1) 基本原理。射线检测技术(radiographic testing，RT)利用射线透过物体时产生的吸收和散射来检测材料中因缺陷存在而引起的射线强度变化，如图1-1所示。射线检测技术的实施主要有胶片照相法、非胶片照相法等。射线检测常用的射线有X射线、γ射线和中子射线，其中X射线、γ射线是电磁波，中子射线则是一种粒子流。

(2) 适用范围。射线检测技术可以用于检测金属材料和非金属材料，对焊缝、铸件内的缺陷检测尤其有效。焊缝、铸件内的常见缺陷有裂纹、气孔、未焊透、未融合、夹渣、疏松、冷隔等。而锻件等产品的缺陷通常是面状缺陷且多与上、下表面平行，用射线很难有效检出。

(3) 新技术发展方向。射线检测技术是无损检测中发展最早的技术之一，也是检测效果最直观、最可靠，能够对缺陷准确定性、定量和定位的技术。随着科技水平的提高，射线检测的新方法、新技术不断涌现，主要表现在以下几个方面：①照相法检测向实时法检测发展，如实时成像技术；②检测结果从二维显示向层面（三维）显示发展，如层析扫描技术；③结果显示向数字化发展，如 DR 技术；④设备向小型化发展。

1.2.2　超声检测技术

（1）基本原理。超声检测技术（ultrasonic testing，UT）是通过超声探头发射超声波，经过耦合剂入射到工件中进行传播，当遇到缺陷时会反射回来，其反射回波可被探头接收。根据反射回波在荧屏上的位置和波幅高低判断缺陷的大小和位置，如图 1－2 所示。

超声波本质上是一种机械波，它是机械振动在弹性介质中传播时所引起的波动过程，例如水波、声波等。超声波的类型有纵波、横波、表面波（瑞利波）、板波和导波等。

（2）适用范围。超声检测技术的特点是应用范围广、穿透能力强、设备轻便，但其定量不准确、定性困难。常用检测方法有穿透法、反射法、串列法、液浸法等。一般可用于检测焊缝、锻件、铸件和轧制管道。

（3）新技术发展方向。超声检测新技术发展活跃，PAUT、TOFD、导波等新技术不断涌现。

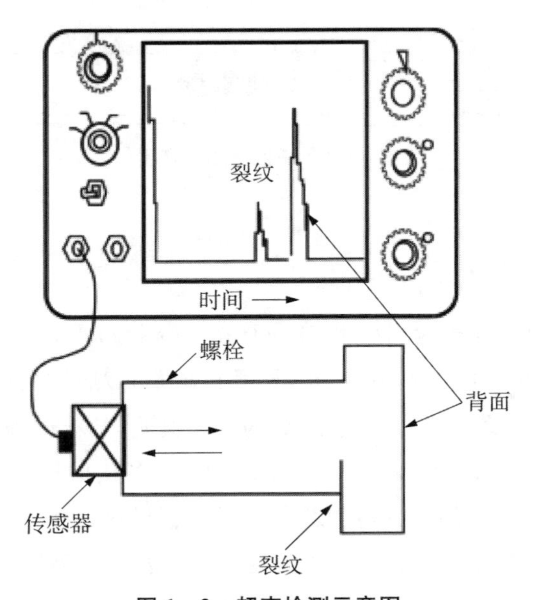

图 1－2　超声检测示意图

1.2.3 磁粉检测技术

(1) 基本原理。磁粉检测技术(magnetic particle testing, MT)是一种通过铁磁性材料在磁场中磁化后,缺陷处因产生漏磁场而吸附磁粉所形成的磁痕来显示材料表面缺陷的无损检测方法,如图 1-3 所示。

(2) 适用范围。磁粉检测只能检测表面或近表面缺陷,而且只能用于检测铁磁性材料。常用检测方法有剩磁法和连续法(绝大部分国际标准仅支持连续法)。

(3) 新技术发展方向。用传感器代替磁粉颗粒,如漏磁技术、交流电磁场检测技术都属于该技术的发展方向。

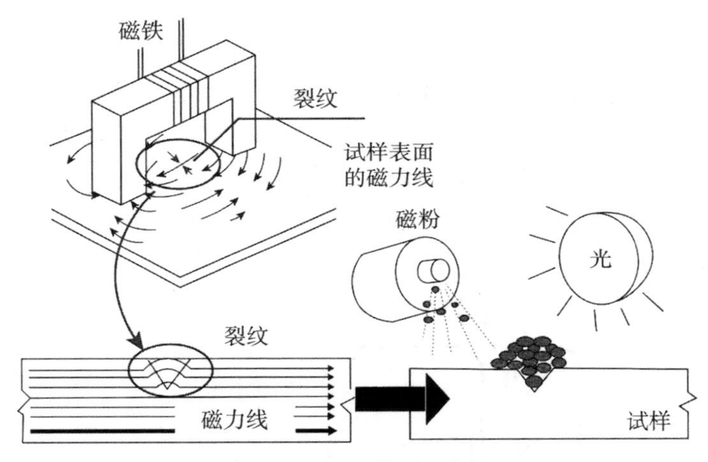

图 1-3 磁粉检测示意图

1.2.4 渗透检测技术

(1) 基本原理。渗透检测技术(penetrant testing, PT)是通过彩色(多为红色)或荧光渗透剂在毛细作用下渗入表面开口缺陷,然后被白色显像剂吸附而显示红色(或在紫外灯照射下显示黄绿色)的缺陷痕迹,基本过程如图 1-4 所示。

(2) 适用范围。渗透检测技术适用于检测非多孔材料的表面开口缺陷;常用检测方法有着色法、荧光法;检测对象包括金属材料与非金属材料。

(3) 新技术发展方向。渗透检测新技术的发展方向为研制水基无毒型渗透试剂。

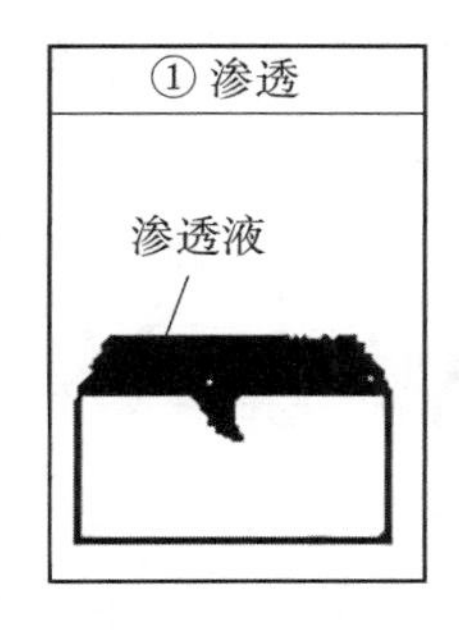

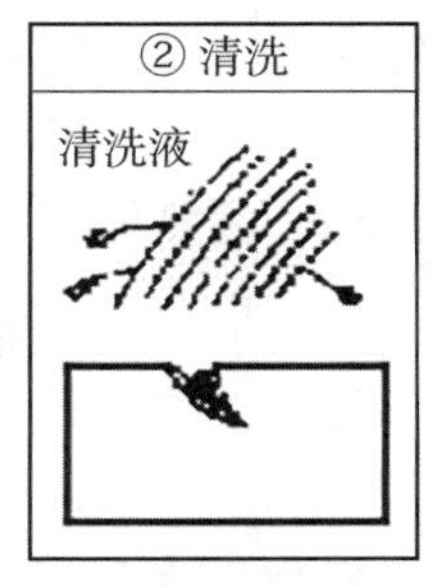

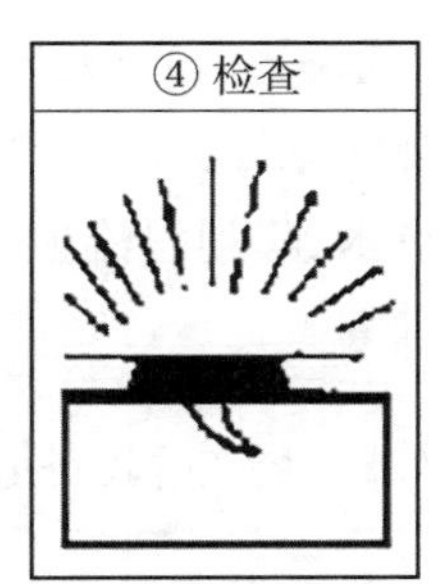

图 1－4　渗透检测过程示意图

1.2.5　涡流检测技术

(1) 基本原理。涡流检测技术(eddy current testing, ECT)是通过电磁感应在导电材料表面或近表面产生涡电流，而导电材料中存在的裂纹将改变涡流的大小和分布，分析这些变化则可检出铁磁性材料和非铁磁性导电材料中的缺陷，如图 1－5 所示。

(2) 适用范围。涡流检测技术仅适用于导电材料且只能检测表面及近表面缺陷。常用检测方法有外穿过式、内通过式和点探头式三种。涡流检测除探伤外，也可用于分选材质、检测膜层厚度、检测工件尺寸以及材料的某些物理性能等。

(3) 新技术发展方向。涡流检测新技术的发展方向为阵列涡流及脉冲涡流技术。

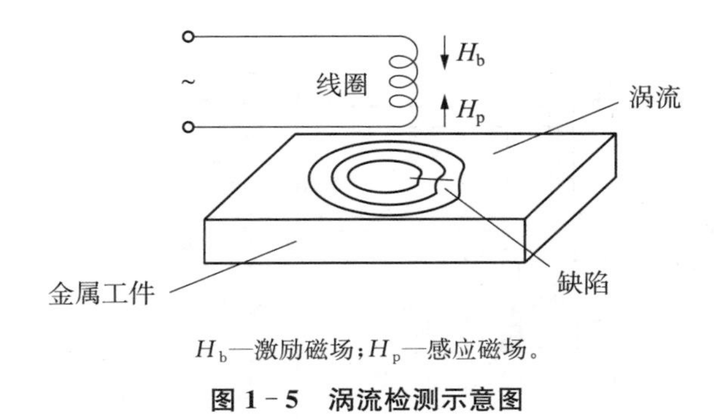

H_b—激励磁场；H_p—感应磁场。

图 1－5　涡流检测示意图

1.3　电磁检测技术综述

在美国无损检测手册中，涡流检测技术属于电磁检测技术(electromagnetic

testing，ET)，它是电磁检测中相对比较成熟、应用比较广泛的一种方法。除了常规涡流检测以外，目前基于电磁感应原理并成熟应用的技术还有脉冲涡流检测技术、阵列涡流检测技术、远场涡流检测技术、漏磁检测技术、交流电磁场检测技术等。

1.3.1 脉冲涡流检测技术

脉冲涡流(pulsed eddy current，PEC)检测技术利用一个重复通电的宽带脉冲激励线圈，通过线圈中产生的瞬时电流在被检试样上感应出瞬时涡流，在激励电流作用下，线圈中会产生一个快速衰减的脉冲磁场，瞬时涡流与快速衰减的脉冲磁场一同在材料中传播，形成一个衰减的感应场，检测线圈则输出一组电压-时间信号。由于产生的脉冲由一列宽带频谱构成，所以响应的信号包含了重要的深度信息，这就为材料的定量评价提供了重要的依据。

传统涡流采用单一频率的正弦电流作为激励，脉冲涡流则采用具有一定占空比的方波作为激励；传统涡流检测对感应磁场进行稳态分析，即通过测量感应电压的幅值和相角来确定缺陷的位置，而脉冲涡流则对感应磁场进行时域的瞬态分析，以直接测得的感应磁场最大值出现的时间来进行缺陷检测。理论上，脉冲涡流与单频正弦涡流相比能提供更多信息，因为脉冲涡流可提供某一范围内的连续多频激励；脉冲涡流信号比多频涡流信号响应更快，因为它同时流过不同频率的电流，如图 1 - 6 所示。

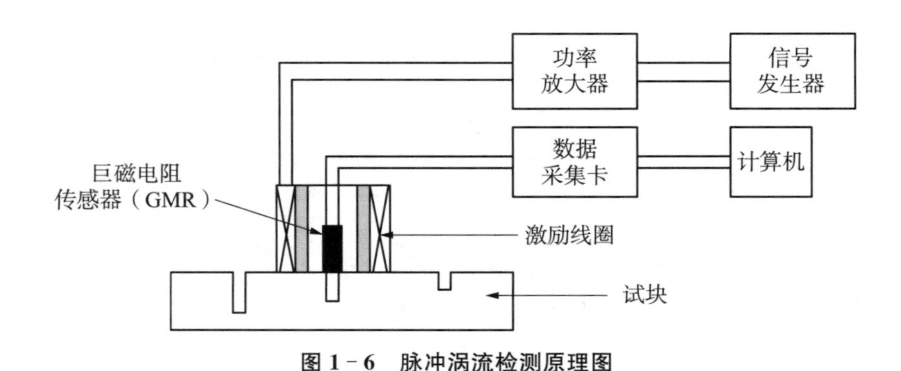

图 1 - 6　脉冲涡流检测原理图

PEC 的响应为一连续信号，与传统的涡流检测信号相比，它含有更多信息，然而目前 PEC 技术还未广泛应用，主要是因为对脉冲信号的解释还处于初期阶段。因此，如何能更有效地提取脉冲涡流信号特征值以及如何将它应用于脉冲涡流信号处理，将是脉冲涡流检测技术的主要研究方向。

1.3.2　阵列涡流检测技术

阵列涡流(eddy current arrays，ECA)检测技术驱动排列在同一个探头组件中的多个涡流传感器，并读取传感器测出的数据，如图 1-7 所示。通过多路转换方式进行驱动和数据采集，从而避免线圈之间的互相感应。图中 R 代表接收(receive)，T 代表发射(transmit)。

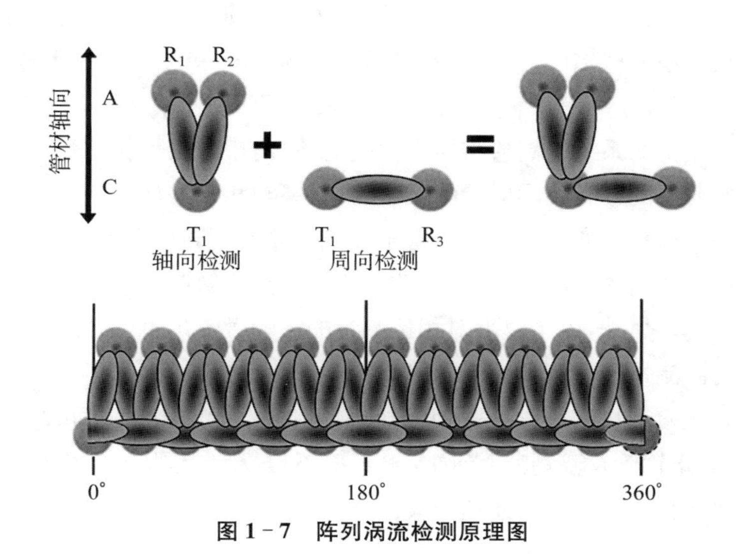

图 1-7　阵列涡流检测原理图

阵列涡流检测技术的主要优势如下：

(1) 检测线圈尺寸较大，扫查覆盖区域大，效率更高，因此检测效率一般是常规涡流检测方法的 10～100 倍。

(2) 一个完整的检测线圈由多个独立的线圈排列而成，对于不同方向的线性缺陷具有一致的检测灵敏度。

(3) 根据被检测零件的尺寸和型面进行探头外形设计，可直接与被检测零件形成良好的电磁耦合，不需要设计、制作复杂的机械扫查装置。

(4) 采用收发式线圈的设计，且可根据工件外形进行设计，易于克服提离效应的影响。

1.3.3　远场涡流检测技术

远场涡流(remote field eddy current，RFEC)检测技术是一种能穿透金属

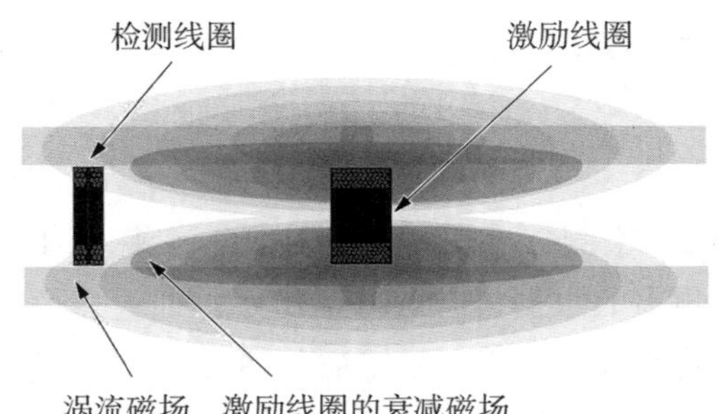

图 1-8 远场涡流检测示意图

管壁的低频涡流检测技术。一般设计为内穿过式探头，由激励线圈和检测线圈组成。激励线圈与检测线圈相距管内径 2～3 倍的长度，激励线圈通以交流电产生磁场。检测线圈用来接收涡流信号，并有效地判断出金属管道内、外壁缺陷以及管壁的厚薄情况，如图 1-8 所示。该技术能检查厚壁的铁磁性管道，可检测壁厚达 25 mm，并对大范围壁厚缺损的灵敏度较高。

远场涡流检测系统的制造与操作比较简单，对于低磁性材料管的内、外壁缺陷和管壁变薄情况具有相同的检测灵敏度，壁厚与相位滞后之间存在线性关系。污物、氧化皮、探头提离以及相对于管子轴线位置的不同等因素对检测结果影响很小。在远场范围内，检测线圈摆放的位置对检测灵敏度影响不大，不受趋肤深度条件的限制。另外，由于温度对相位测量的影响微不足道，因此应用相位测量技术的远场涡流特别适用于高温、高压状态。

远场涡流检测技术一般不适用于短小的和非管状的试件，同时其检测的激励频率低(对于钢管，检测频率范围是 20～200 Hz)，大大限制了检测速度，而且无法辨别缺陷存在于外表面还是内表面。

1.3.4 漏磁检测技术

漏磁检测技术(magnetic flux leakage testing, MFL)是指铁磁性材料被磁化后，因试件表面或近表面的缺陷而在其表面形成漏磁场，人们可以通过检测漏磁场的变化进而发现缺陷，其原理如图 1-9 所示。

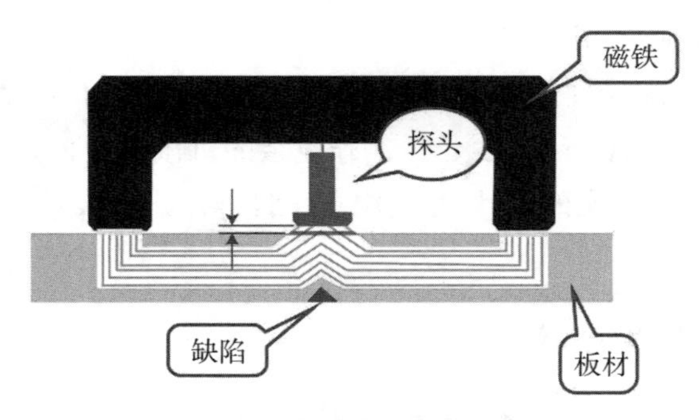

图 1-9 漏磁检测原理图

漏磁检测技术的几大应用如下：

（1）长输管道、埋地管道的检测：腐蚀、焊接缺陷（智能管道清管器）。

（2）储罐底板检测：靠土壤面的腐蚀状态。

（3）管材、棒材的检测：裂纹、折叠、杂质、气孔（钢厂）。

（4）钢丝绳的检测：断丝、磨损、长腐蚀、松丝、变形等。

1.3.5 交流电磁场检测技术

交流电磁场检测技术（alternating current field measurement, ACFM）是一种新型的无损检测和诊断技术，用于检测金属构件表面或近表面的裂纹缺陷，可以测量裂纹的长度并计算裂纹深度，具有非接触测量、受工件表面影响小等特点。该检测技术在海上设施的水下无损检测中的应用愈来愈广泛。

1.4 交流电磁场检测技术简介

1.4.1 背景

交流电磁场检测技术是一种电磁检测技术，利用被感应的"均匀"电流和磁通密度来检测被测件表面是否存在不连续，且无须标定（calibration）。"均匀"这个词的意思是至少在探头下方的区域，当被测件表面没有不连续时，电流线（对应电场强度 E）是平行、单向及等距的。

1980 年前后，用无损检测技术检测水下焊接平台结构的疲劳裂纹开始发展起来。当时的发展主要集中在两个已存在的技术：涡流检测技术（ECT）和交流电位差技术（alternating current potential difference, ACPD）。值得注意的是，很多电磁检测技术的进一步研究和发展都是基于涡流检测技术。

传统的涡流检测技术对于铁磁性焊缝，特别是水下构件的焊缝（由于表面难以清理），并不是非常有效，因为传统涡流检测技术在检测这一类结构时会产生很多干扰信号，从而得不到较高的信噪比，甚至缺陷信号被噪声信号淹没。因此，对于水下焊接平台结构的疲劳裂纹的检测，涡流检测研究的重点集中在涡流传感器（探头）的制作上。在当时首先要解决的是如何抑制焊缝轮廓的信号（噪声），也就是如何实现扫查方向平行于焊缝（焊趾），解决这个问题就能够检测到整个焊缝宽度，而不需要使探头穿过焊缝。这一点可通过设计较大的激励线圈实现。由于探头不再穿过焊趾扫查，为了拾取信号，使用多个方向的线圈来获得不连续的中间及端部的信号。当时激励线圈和检测线圈均做得相对较大，使其具有较宽的覆盖面积，但是这样降低了灵敏度。尽管如此，这样的设计使得水下焊接平台结构的疲劳裂纹检测得以实现，因此非常可贵。另外，在当时，水下焊缝的检测中并不需要检测深度小于 1 mm（约 0.04 in*）的不连续。

1.4.2　交流电位差技术

前文提到，交流电磁场检测技术是在交流电位差技术的基础上发展起来的。电位差技术的应用始于 1980 年，刚开始使用的是直流电位差技术（direct current potential difference, DCPD）。直流电位差技术的原理如下：向工件中通直流电，然后根据分析得到工件表面电势的分布情况，从而检测缺陷。为了提高检测灵敏度，往往需要较大的电流，因此该技术对设备功率要求较高。为了解决这一矛盾，用交流电替代直流电，利用了趋肤效应，从而使得大部分能量都集中在工件的表面，从而降低了对设备的功率要求，即交流电位差技术（ACPD）。ACPD 所具有的优点是当电流流过一个较宽范围内缺陷不连续的器件时，可以很容易地进行数学建模。然后将测量电压与预测电压直接进行比较，从而对裂纹深度和形状进行估计。该方法的局限性是交流电产生和电势检测的前提都是探头需要直接接触工件，这个特性就导致该方法在很多工程领域（如水下）的实际应用受到极大的限制。

英国伦敦大学学院的无损检测中心为了解决 ACPD 的这一缺陷难题，提出了用电流的感应磁场检测缺陷的技术思路。其后众多学者又遵循该思路的基本原理进行深入的探讨与研究，最终获得了成功。在具体实践中，待检工件中的电流是通过感应产生的（而非流入），而且检测信号也由表面电压信号变成了磁场信号，这样就完全实现了无接触检测，ACFM 即由此产生。

1.4.3　交流电磁场检测技术的发展和应用

交流电磁场检测技术在 20 世纪 90 年代兴起，首次应用于海洋石油平台的检测。挪威船级社公司规定其应用范围为固定、移动海洋工程设施的水下结构和飞溅区结构的在役无损检测。值得指出的是，随着 ACFM 的发展，其应用范围已经远远超出了上述规定，不仅应用于水下，还应用于陆上。从对水下碳钢结

---

* in，英寸，1 in=2.54 cm。

构的焊缝检测扩展到对铁素体钢、奥氏体不锈钢、铝、双相钢、蒙乃尔合金及铬镍铁合金等材料的检测，以及对带有火焰喷涂层、环氧树脂胶层及油漆层等结构的检测。特别的是，ACFM对环境温度具有良好的适应性，北非有一家公司就利用ACFM在500℃高温下对缺陷进行连续检测。目前该项技术已经广泛应用于各行各业的各种检测场合中，包括大型工程金属结构物的检测、螺纹的检测和体积缺陷的检测等。ACFM的应用领域列于表1-1中。

表1-1 ACFM的应用领域

行业/领域	具体应用描述
整体应用	ACFM系统可以检测所有导电金属如钢、不锈钢、铝、镍、钛等；它可以自动或手动检测简单或复杂的几何结构，如焊缝、螺纹、涡轮机叶片座盘、压力容器和铆钉连接结构等
土木工程	在无须去除涂层的情况下，检测大、小型起重机吊机，桥梁，炉柱，游乐场的结构焊缝
石化工厂及炼油厂	在无须去除涂层的情况下，检测工厂内各种管道、高压容器、设备的焊缝及表面裂纹；一般探头可在200℃下工作，特殊探头可在500℃的高温下工作
电厂及核工业	在无须清洁表面污秽的情况下，检测容器、管道焊缝；配合特殊探头检查涡轮叶片；配合机器人在辐射环境下工作
离岸及水下	在离岸平台及水下设备的焊缝裂纹检测中广泛应用；配合机器人可在500 m深的水下工作；对船舶的液化石油气容器、船体及螺旋桨做检查
铁路火车	检查车轴、车轮及车体；检查铁轨的裂纹

由于该项检测技术具有非常丰富的应用场景、较高的研究价值和较大的应用潜力，20世纪90年代起，国内的无损检测者发现了该项技术的应用前景，许多研究机构和高校也致力于这项技术的研究和应用，并取得了不错的进展，逐渐缩小了与国际水平的差距。目前国内以北京工业大学、南昌航空大学、中国石油大学等高校为主，对ACFM的研究较为活跃。北京工业大学在2001年就已经开始关注ACFM，并对其原理、检测特性、处理信号的方法以及应用场景等相关方面展开了较为深入的研究。中国石油大学则是在2004年开始关注ACFM在海洋石油工程领域中的应用，以陈国明教授为代表的中国石油大学团队一直都在关注这项技术的动态，对该项技术进行了较为系统和全面的研究。他们利用ANSYS软件对ACFM检测裂纹进行了仿真分析，后来进一步地研究了ACFM

的可视化和 ACFM 探头材料对缺陷信号检出的影响。2003 年，德威胜潜水工程有限公司运用 ACFM 在南海惠州站钻井平台进行水下检测时发现了 16 条焊接裂纹，其中裂纹深度最大的达 21 mm，最小的为 0.9 mm。南昌航空大学则是在 2008 年开始从事 ACFM 的研究，刚开始是在 ACFM 仿真研究的基础上研究了铁磁性材料和非铁磁性材料检测信号特征与试件裂纹尺寸参数的对应关系，之后探究了检测频率、提离高度以及工件材料特性（如磁导率和电导率）等因素对检测灵敏度的影响；2013 年，宋凯带领的电磁检测研究团队在之前的研究基础上进一步探究了探头扫查方向对被检工件缺陷信号检出的影响，为实际的检测工作提供了理论基础；2016 年，任尚坤团队对 ACFM 系统进行了进一步研究。尽管目前在相关研究和应用领域已经取得了一定进展，但是我国对该项技术的研究仍处于理论和试验阶段，技术还很不成熟，研究和应用也远没有形成规模，距离实用化推广还有一段不短的路要走。由于引进国外设备的费用高昂，因此十分有必要推动对该项技术及其应用的系统化研究，开发集多种高新技术于一体的 ACFM 新型检测系统，提高我国在金属缺陷检测领域的可视化和智能化水平。

第 2 章　电磁检测的物理基础

2.1　材料的电特性

2.1.1　金属导电的物理本质

根据物质的导电性能，可将各种物质分为导体、绝缘体和半导体三种类型。例如，金、银、铜、铝、铁等金属都是具有良好导电性能的导体；而橡胶、陶瓷、云母、熟料、竹木等都是导电性能很差的绝缘体；另外还有一类物质的导电性能介于导体和绝缘体之间，称为半导体，例如硅、锗等就是常用的半导体材料。需要指出的是，导体和绝缘体的界限不是绝对的，它们在一定的条件下可以相互转化，例如玻璃在常温时是绝缘体，高温熔化后就变成了导体。

一切物质都是由原子组成的，而原子又是由带正电的原子核和带负电的电子所组成的。电子在原子核外分层排布且不停地绕核运动。原子核所带的正电荷数量与核外电子所带的负电荷数量相等，所以原子呈现电中性。不同元素的原子核所带正电荷数和核外电子数都是不同的。

由于原子核带正电，电子带负电，它们之间就有相互吸引力，电子被束缚在原子核周围绕核做旋转运动。在金属原子中，外层电子受原子核的吸引力较小，在其余电子的排挤下，挣脱了原子核的吸引，在金属中自由"游荡"，成为自由电子。失去了外层电子的原子变成带正电的离子，在平衡位置附近做热振动。所以，金属是由热振动的正离子和无规则运动的自由电子组成的。自由电子在电场的作用下会定向移动，形成电流，所以金属等材料能导电。而绝缘体中的原子，由于外层电子受原子核的束缚很大，不容易形成自由电子，在电场的作用下电流不能流过，所以导电性能很差。

2.1.2 电阻

自由电子受电场作用力的影响会向反方向定向移动，从而形成电流。自由电子在运动中总要与金属晶格中的正离子碰撞，碰撞的次数非常频繁(每秒约1015次)。这种碰撞会阻碍自由电子的定向移动，从而减小电流。这种阻碍电荷移动的能力称为电阻，其大小与导体的长度 l 成正比，与导体的横截面积 S 成反比，还与导体的材料有关，可以表示为

$$R = \rho \frac{l}{S} \tag{2-1}$$

式中，ρ 为导体的电阻率，表示单位长度、单位横截面积的电阻，单位是 $\Omega \cdot \mathrm{m}$，研究金属时，电阻率以 $\mu\Omega \cdot \mathrm{cm}$ 或 $10^{-8}\ \Omega \cdot \mathrm{m}$ 为计量单位。

电阻率的倒数称为电导率，用符号 σ 表示，单位是 S/m(西门子/米)。

$$\sigma = \frac{1}{\rho} \tag{2-2}$$

在工程技术中还可用IACS(国际退火铜标准)单位来表示电导率，这种单位规定退火工业纯铜(电阻率在20℃时为 $1.7241 \times 10^{-8}\ \Omega \cdot \mathrm{m}$) 的电导率为100% IACS，其他金属的电导率 σ_x 用它的百分数表示，即

$$\sigma_x = \frac{\text{标准退火铜电阻率}}{\rho_x} \times 100\%(\mathrm{IACS}) \tag{2-3}$$

式中，ρ_x 为金属的电阻率。

显然，电阻率值愈小，电导率值愈大，材料的导电性能就愈好。一些常用金属材料的电阻率、电导率和温度系数列于表2-1中。

表2-1 一些常用金属材料的电阻率、电导率和温度系数

金属	20℃时的电阻率/(μΩ·cm)	温度系数(20℃)	电导率	
			%IACS	MS/m
铝	2.824	0.0039	61.05	35.4
锑	41.7	0.0036	4.13	2.40
砷	33.3	0.0042	5.18	3.0

（续表）

金属	20℃时的电阻率/（μΩ·cm）	温度系数（20℃）	电导率	
			%IACS	MS/m
铋	120	0.004	1.44	0.83
黄铜	7	0.002	25	14.3
镉	7.6	0.0038	22	13.2
高电阻铁镍合金	87	0.0007	2.0	1.15
钴	9.8	0.0033	18	10.2
康铜	49	0.00001	3.5	2.0
铜（退火）	1.7241	0.00393	100	58.00
铜（冷拉）	1.771	0.00382	97.35	56.46
气体碳	5000	−0.0005	0.03	0.02
德银（18%Ni）	33	0.0004	5.2	3.0
金	2.44	0.0034	70.7	41.0
铁（99.8%）	10	0.005	17	10.0
铅	22	0.0039	7.8	4.5
镁	4.6	0.004	38	22
锰铜（锰镍铜合金）	44	0.00001	3.9	2.3
汞	95.783	0.00089	1.8	1.044
钼（拉拔）	5.7	0.004	30	17.5
锰乃尔合金	42	0.002	4.1	2.4
镍铬合金	100	0.0004	1.72	1.0
镍	7.8	0.006	22	12.8
钯	11	0.0033	16	9.1
磷青铜	7.8	0.0018	22	12.8
铂	10	0.003	17	10
银	1.59	0.0038	108	63
锰钢	70	0.001	2.5	1.43
西罗铜铝锰合金	47	0.00001	3.7	2.1
锡	11.5	0.0042	15.2	8.7
钨（拉拔）	5.6	0.0045	31	17.9
锌	5.8	0.0037	30	17.2
钢（最高质量）	10.4	0.005	16.6	9.6
铜（滚珠轴承）	11.9	0.004	14.5	8.4
钢（平炉）	18	0.003	9.6	5.6

2.1.3 影响金属导电性的主要因素

影响金属导电性的因素有很多，主要是温度、化学成分、应力、形变以及热处理等。

(1) 温度的影响。温度升高，自由电子与金属晶格中的正离子碰撞加剧，因此电阻增大。由于金属在熔化时点阵的规律性被破坏了，原子之间的键也有所变化，所以熔化金属的电阻是其固态电阻的 2～3 倍，而且液态金属的电阻还随温度的升高而增大。

(2) 杂质的影响。纯金属具有规则的晶格，因此电阻率 ρ 很小。杂质即便含量极少，也会导致金属晶格的畸变，造成电子散射，使电阻率增加。

(3) 应力的影响。在弹性范围内单向拉伸或者扭转应力能提高金属的电阻率 ρ，其原因是在拉伸时应力使原子的间距增大，同时晶格也产生了扭曲。在单向压应力作用下，对于大多数金属来说电阻率降低。

(4) 形变的影响。范性形变(塑性形变)可以使金属电阻率增加。金属发生范性形变后电阻率增加的原因如下：冷加工使晶体点阵发生畸变和缺陷，造成电场的不均匀性，从而导致电子波散射增加。此外，冷加工引起原子间结合键变化，并导致原子间的距离增大，对电阻有一定的影响。

(5) 热处理的影响。导电金属经冷变形后，强度和硬度增加，导电性降低。退火后，其电导率可得到恢复。退火温度对硬铜线电导率的影响如图 2－1 所示。

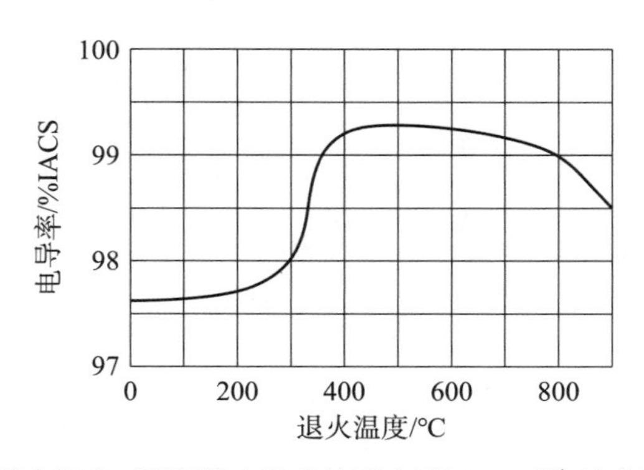

图 2－1 退火温度对硬铜线电导率的影响(铜 99.92%，冷变形度 90%)

2.2 材料的磁特性

2.2.1 物质的磁性

磁性是物质的基本属性之一。当外磁场发生改变时，物质的能量也随之改变，这时就表现出物质的宏观磁性。从微观角度看，物质中带电粒子的运动形成了物质的元磁矩，当元磁矩取向为有序时，便形成了物质的磁性。

根据物质磁化后对磁场的影响，可以把物质分为三大类：使磁场减弱的物质称为抗磁性物质；使磁场略有增强的物质称为顺磁性物质；使磁场剧烈增强的物质称为铁磁性物质。抗磁性物质的磁化率 χ 为负（数量级为 $10^{-6}\sim10^{-3}$），顺磁性物质的磁化率 χ 为正（数量级为 $10^{-6}\sim10^{-2}$），而铁磁性物质的磁化率 χ 很大。抗磁性物质有氢、水、金、银、铜、铋等；顺磁性物质有空气、铝、铂等，在较高温度下（高于居里温度），铁、镍和钴也具有顺磁性；铁磁性物质包括铁、镍和钴。

物质的磁性是由电子轨道运动和自旋运动产生的。众所周知，物质是由原子组成的，而原子则是由原子核和电子构成的。近代物理研究证明，每个电子都参与两种运动，即环绕原子核的运动和电子本身的自旋运动。这两种运动都可看作形成了一个个闭合电流，由此产生了一个个磁矩，形成了磁效应。电子绕核运动产生的磁矩称为轨道磁矩，而电子自旋运动产生的磁矩称为自旋磁矩。那么原子有没有磁矩呢？理论证明，当原子中一个电子层已经排满时，这个电子层磁矩的总和就等于零，该原子就没有磁矩；若一个原子的电子层未被排满，电子磁矩的总和就不为零，该原子就有磁矩。当原子结合成分子时，它们的外层电子磁矩就发生了变化，所以分子磁矩并不是各单个原子磁矩的总和。由于不同的原子具有不同的磁矩，故当这些原子组成不同的物质时，物质就表现出不同的磁性。

通常在无外加磁场时，物体本身内部电子的自旋磁矩与轨道磁矩的和为零，所以物体对外不显磁性。但如对物体加上一个外磁场，物体被磁化后就会表现出一定的磁性。

2.2.2 磁畴

铁磁性的基本特点是自发磁化和磁畴。由于物质自身的能量，使任一小块区域内的所有原子磁矩都按一定规则排列起来的现象称为自发磁化。目前已经十分清楚,自发磁化的原因是相邻原子中电子之间的交换作用。当原子相互接近时,它们的电子就要发生交换,由于电子的交换作用而产生一定的交换能,从而使小区域内的所有原子磁矩按一定规则排列。电子间的这一交换作用直接与电子自旋之间的相对取向有关。

人们不禁要问:自发磁化现象使铁磁性物质的任意小区域内的所有原子磁矩都朝一个方向排列了,为什么除了磁铁(吸铁石)以外的其他铁磁性物质却不具有自发吸铁的本领呢?也就是说,这些铁磁性物质的总磁矩为什么对外表现不出磁性呢?这是因为铁磁性物质内部存在磁畴。铁磁性物质的内部分成了许多小的区域,这些小的区域就称为磁畴。图 2-2 为铁磁体某一截面上的磁畴示意图。虽然每一个小区域内的原子磁矩都整齐地排列起来了,但这些小区域的磁矩分别取不同的方向,因此,所有小区域的磁矩叠加起来仍然为零,即总磁矩为零。这样从铁磁体的整体来看,磁感应强度为零,对外不显示磁性,如图 2-3(a)所示。

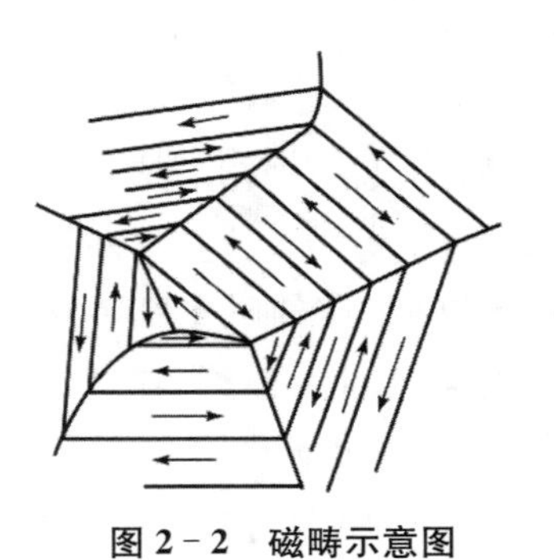

图 2-2 磁畴示意图

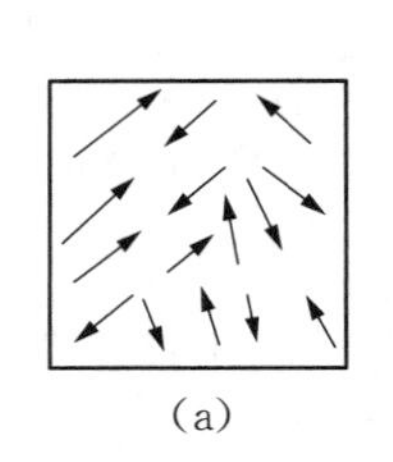

(a)

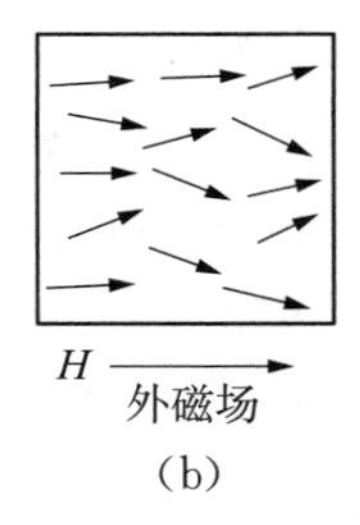

(b)

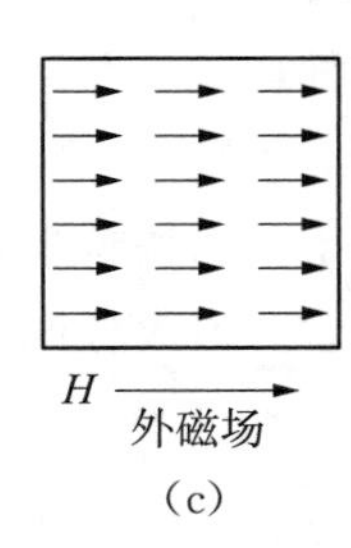

(c)

图 2-3 铁磁性物质在磁场中磁矩改变的示意图

(a)未磁化时;(b)未磁化到饱和时;(c)磁化到饱和时

如果将铁磁性物质置于外磁场中,磁场作用使磁畴的磁矩从各个不同的方向转到接近磁场的方向或与磁场的方向一致,因此对外呈现较强的磁性[见图 2-3(b)(c)],这就是磁化过程。

2.2.3 铁磁性材料的磁化规律

铁磁性物质在外磁场的作用下显示出磁性就称为磁化,又称为技术磁化。对于铁磁性材料,磁化的过程就是外磁场把磁畴磁矩从各个不同的方向转到磁场方向或接近磁场方向，使它们不再杂乱无序，这样它们的合成作用对外就显示出了磁性。

当没有外磁场作用时，铁磁性物质内部各磁畴的磁矩取向是杂乱无章的，磁矩是相互抵消的，因而对外不显磁性。但当铁磁性物质被置于外磁场中时，在磁场的作用下，各磁畴磁矩在一定程度上沿着磁场方向排列起来，这样在宏观上就对外显示出一定的磁性。

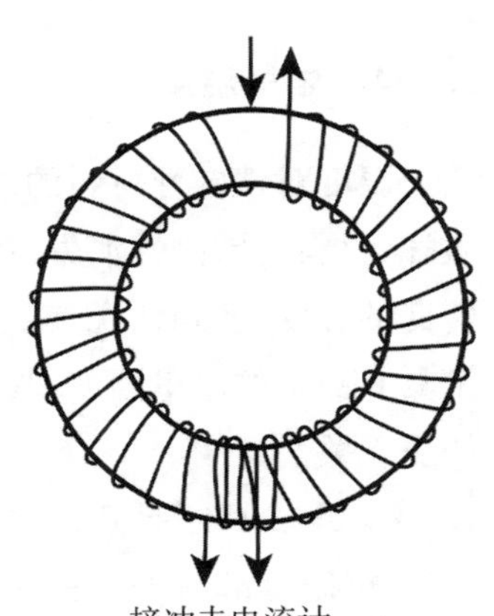

图 2-4　磁化曲线测定方法示意图

研究铁磁性物质的磁化规律，就是寻找磁感应强度 B 与磁场强度 H 之间的关系，即 $B-H$ 曲线，这个关系只能通过实验方法获得。1871 年，斯托列托夫最早测定了铁的磁化曲线。

如图 2-4 所示，被测铁磁性样品的磁场是由绕在环状铁芯上的螺线管产生的，改变磁场强度是用改变电流大小的方法得到的。

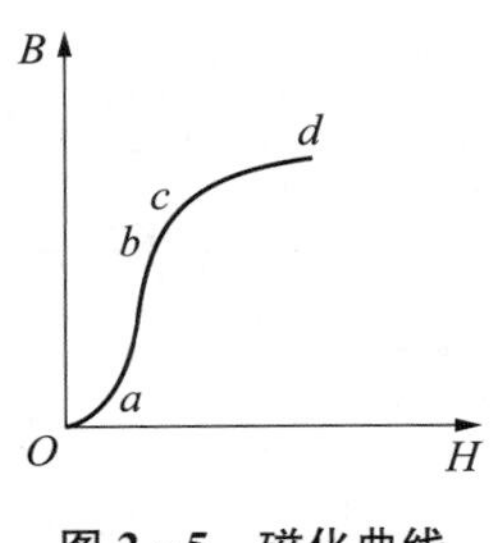

图 2-5　磁化曲线

假设磁化前样品处于磁中性状态，即 $H=0$；当磁场强度逐渐增加时，样品的磁感应强度也随之增加。起初，在磁场强度很弱时，磁感应强度增加得较缓慢（见图 2-5 中的 Oa 段）；而后随磁场强度的增加，磁感应强度增加得很快（见图 2-5 中的 ab 段）；随着磁场强度的进一步增大，磁感应强度的增加又放慢了（见图 2-5 中的 bc 段）；最后，磁场很强时，磁感应强度的增加幅度很小（见图 2-5 中的 cd 段），几乎不再增加，此时达到磁饱和状态。这条曲线就是磁化曲线。磁化曲线表征的是铁磁性物质在外磁场的作用下所具有的磁化规律，又称为技术磁化曲线。

另外，我们还常常用到磁导率 μ 这个量，其单位是 H/m（亨/米），在 MKSA 制（实用单位制）中，磁导率 μ 表示为

$$\mu=\mu_0\mu_r \tag{2-4}$$

式中，μ_0 为真空磁导率，$\mu_0=4\pi\times10^{-7}$ H/m；μ_r 为相对磁导率，是一个无量纲的量。

物质的磁性状态还经常用另一个量——磁感应强度 B（又称为磁通密度）来

描述,其单位是 T(特斯拉),它与磁场强度 H 的关系是

$$B = \mu H = \mu_0 \mu_r H \tag{2-5}$$

2.2.4 居里温度

温度对铁磁性材料的磁性是有影响的,当温度高于某一数值时,自发磁化被破坏,材料的铁磁性消失,这一温度称为居里温度。居里温度是强磁性和顺磁性转变的温度,换句话说,就是铁磁性材料使用温度的最高极限。任何铁磁性物质都具有一定的居里温度,其高低与该物质的化学组分和晶体结构有关,而与其磁历史无关。

表 2-2 所示是几种铁磁性材料的居里温度。铁磁性材料在居里温度以上进行涡流检测时,即可视为非铁磁性材料。

表 2-2 几种铁磁性材料的居里温度

材料名称	居里温度/℃
Fe	770
Co	1 120
Ni	358
Fe_3C	215
FeS	320
Fe_3O_4	575
Fe_2O_3	620

2.2.5 磁滞回线

前面我们已经介绍了单向磁化的过程,这里我们将介绍双向磁化和去磁作用。如图 2-6 所示,从 O 点磁化到 P 点,再把磁场强度从 H_s 逐渐减小,直至降到零,此时磁感应强度 B 不再是零,而是一定的数值(见图 2-6 中的 OQ),这是磁化后的剩余磁感应强度,简称剩磁,用 B_r 表示。若想使磁感应强度 B 降到零,必须加上与原磁场方向相反的磁场,只有当这个相反方向的磁场 H 加到一定数值时(见图 2-6 中的 OR'),B 才会为零,这个磁场称为矫顽力,用 H_c 表

示。若继续增加这一反向磁场直到 P' 点，此时磁场为 $-H_s$，磁化达到饱和，然后把磁场从 $-H_s$ 减小到零，则磁化状态变到 Q' 点。如果磁场再由零增加到 H_s，则磁化状态又会逐渐变化到 P 点的饱和磁化状态。以上过程所得的 $PQR'P'$ 曲线和 $P'Q'RP$ 曲线关于原点 O 是对称的。

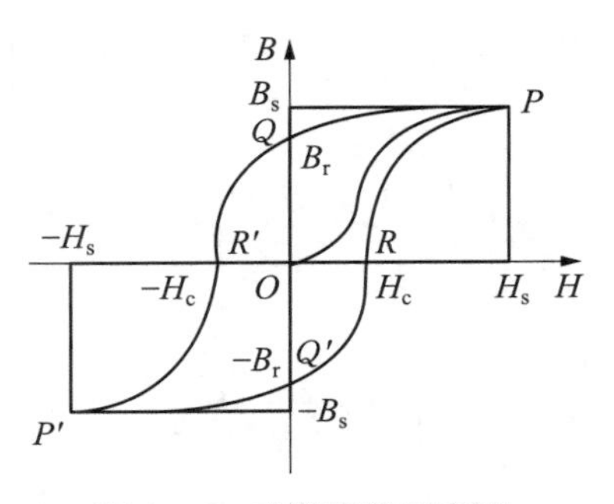

图 2－6　磁滞回线示意图

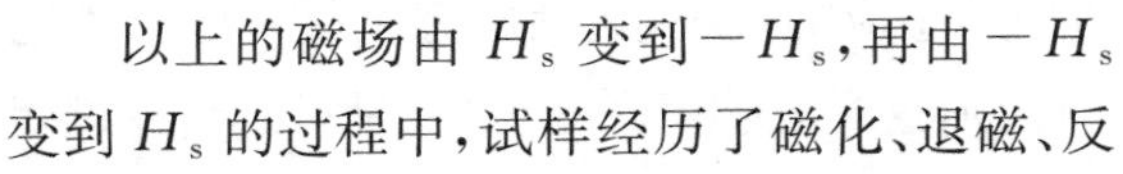
以上的磁场由 H_s 变到 $-H_s$，再由 $-H_s$ 变到 H_s 的过程中，试样经历了磁化、退磁、反向磁化、正向磁化等，形成了一个循环过程，此循环过程所形成的闭合曲线 $PQR'P'Q'RP$ 就称为铁磁性材料的磁滞回线，这一现象就称为磁滞现象。由于磁场反向达到了饱和磁场强度 H_s，试样也达到了饱和磁化，所以闭合曲线 $PQR'P'Q'RP$ 也是饱和磁滞回线。为了得到闭合对称的磁滞回线，磁场强度必须在 H_s 和 $-H_s$ 之间进行反复十几次循环，这个反复循环的过程称为磁锻炼。

磁滞回线所包围的面积表示的是铁磁性物质磁化与反磁化一周的能量损耗，称为磁滞损失。不同铁磁性材料的饱和磁滞回线所包围的面积是不同的，软磁材料的磁滞回线狭窄，所包围的面积小，故磁化时损耗的能量少，磁化容易；硬磁材料的磁滞回线形状肥大，所包围的面积大，损耗的能量多，故磁化困难。

对于非铁磁性材料来说，相同的磁场强度引起的变化要比铁磁性材料小得多，而其回线是直线，没有饱和与滞后现象。存在磁滞现象是铁磁性材料磁化所特有的现象。

2.2.6　影响材料铁磁性的因素

影响材料铁磁性的因素有很多，如温度、形变以及材料的组织等。

磁导率与温度的关系较为复杂。范性形变晶体中产生大量的缺陷和内应力，使磁导率显著下降，而且形变量愈大，下降得就愈多。矫顽力则相反，它随形变量增大而增大。加工硬化后进行再结晶退火，则使磁导率提高，矫顽力降低，在完全再结晶的情况下，可恢复到加工前的状态。晶粒的大小与加工硬化的影响相同，铁素体的晶粒愈细，则磁导率愈小，矫顽力愈大。这是因为晶粒愈小，晶界就愈多，晶界是妨碍磁化的一个因素。

从以上分析可以看到，各种因素对铁磁性材料的磁导率 μ 和矫顽力 H_c 的影响如下：纯度愈高，磁导率 μ 愈大，矫顽力 H_c 愈小；晶界、亚晶界、位错愈少，

则磁导率 μ 愈高，矫顽力 H_c 愈小；应力愈小，磁导率 μ 愈高，矫顽力 H_c 愈小。

2.3 电磁感应

2.3.1 电磁感应现象

电磁感应现象是指电与磁之间相互感应的现象，包括电感生磁和磁感生电两种情况。在通电导线附近会产生磁场，这是电感生磁的现象。另外，当穿过闭合导电回路所包围面积的磁通量发生变化时，回路中就产生电流，这种现象就是磁感生电的现象[见图 2 - 7(a)]，回路中所产生的电流称为感应电流。当闭合回路中的导线在磁场中运动并切割磁力线时，导线也会产生电流，这也是磁感生电的现象[见图 2 - 7(b)]。

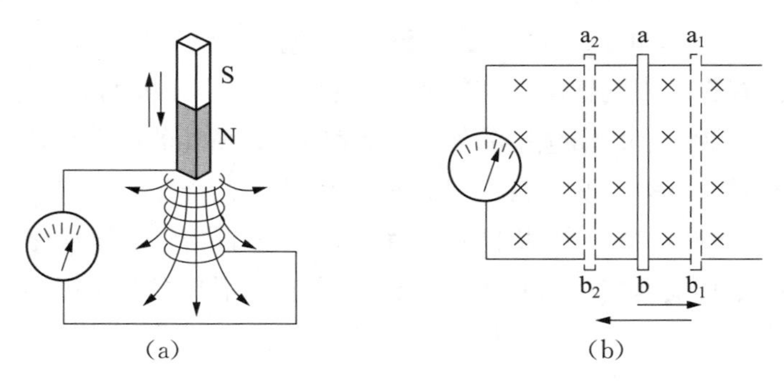

图 2 - 7 电磁感应现象
(a)磁铁穿过线圈；(b)导线切割磁力线

在任何电磁感应现象中，不论是怎样的闭合路径，只要路径围成的面内的磁通量有了变化，就会有感应电动势产生；任何不闭合的路径，只要切割磁力线，也会有感应电动势产生。

感应电流的方向可以用楞次定律来确定。闭合回路内的感应电流所产生的磁场总是阻碍引起感应电流的磁通量的变化，这个电流的方向就是感应电动势的方向。另外，导线切割磁力线时的感应电动势方向还可用右手定则来确定。如图 2 - 7(b)所示，将一根直导线 ab 置于磁场中，并将该导线与测量电流的电流表相连，当导线 ab 从左向右与磁场做相对运动时，导线切割磁力线，在导线 ab

中产生感应电动势。由于这是闭合电路,此电动势在回路中产生感应电流,因此电流表指针出现偏转。如果导线 ab 从右向左运动,回路中也有感应电流,但电流表指针偏转方向会与前一种情况相反。当导线 ab 平行于磁力线方向做上下运动时,电流表的指针不会偏转。

2.3.2 法拉第电磁感应定律

当闭合回路所包围面积的磁通量发生变化时,回路中就会产生感应电动势 E_{i},其大小等于所包围面积中的磁通量 φ 随时间变化的负值。

$$E_{\mathrm{i}}=-\frac{\mathrm{d}\varphi}{\mathrm{d}t} \tag{2-6}$$

式中,负号表示闭合回路内感应电流所产生的磁场总是阻碍产生感应电流的磁通量的变化,这个方程称为法拉第电磁感应定律。

如果将上述方程用于一个绕有 N 匝的线圈,线圈绕得很紧密,穿过每匝的磁通量 φ 相同,则回路的感应电动势为

$$E_{\mathrm{i}}=-N\frac{\mathrm{d}\varphi}{\mathrm{d}t}=-\frac{\mathrm{d}(N\varphi)}{\mathrm{d}t} \tag{2-7}$$

长度为 l 的长导线在均匀的磁场中做切割磁力线运动时,在导线中产生的感应电动势 E_{i} 为

$$E_{\mathrm{i}}=Blv\sin\alpha \tag{2-8}$$

式中,B 为磁感应强度,单位是 T; l 为导线长度,单位是 m; v 为导线运动的速度,单位是 m/s; α 为导线运动方向与磁场间的夹角。

2.3.3 涡流及其趋肤效应

由于电磁感应,当导体处在变化的磁场中或相对于磁场运动时,其内部会感应出电流,这些电流的特点如下:在导体内部自成闭合回路,呈旋涡状流动,因此称为涡旋电流,简称涡流。例如,含有圆柱形导体芯的螺线管中通有交变电流时,圆柱形导体芯中出现的感应电流就是涡流,如图 2-8 所示。

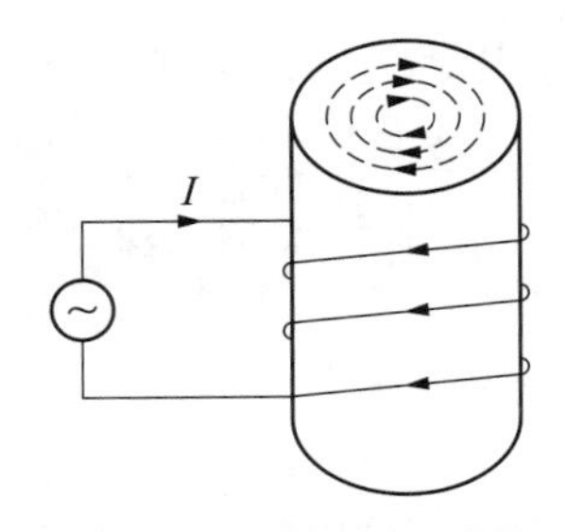

图 2-8 涡流产生示意图

涡流检测是涡流效应的一项重要应用,其基本原理如下:当载有交变电流的检测线圈靠近导电试件时,由于激励线圈磁场的作用,试件中会产生涡流,而

涡流的大小、相位及流动形式受到试件导电性能的影响，同时，产生的涡流也会形成一个磁场，这个磁场反过来又会使检测线圈的阻抗发生变化。因此，通过测定检测线圈阻抗的变化，就可以判断出被测试件的性能及有无缺陷等。

当直流电流通过导线时，横截面上的电流密度是均匀且相同的。如果是交变电流通过导线，导线周围变化的磁场也会在导线中产生感应电流，从而会使沿导线截面的电流分布不均匀，表面的电流密度较大，越往中心处越小，按负指数规律衰减，尤其是当频率较高时，电流几乎是在导线表面附近的薄层中流动。这种电流主要集中在导体表面附近的现象称为趋肤效应，如图 2-9 所示。

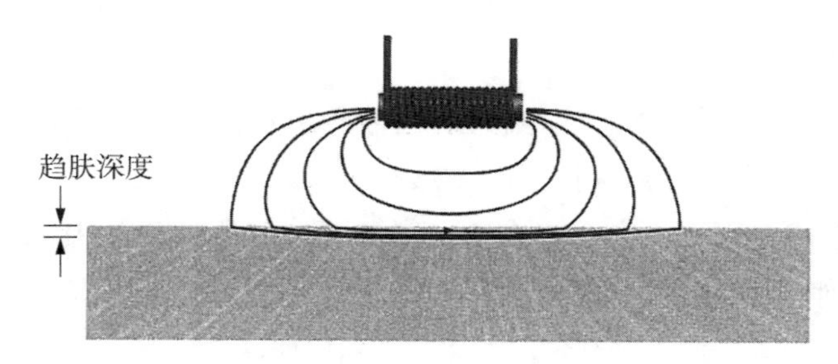

图 2-9 趋肤效应示意图

涡流透入导体的距离称为透入深度。定义涡流密度衰减到其表面值 1/e 时的透入深度为标准透入深度，也称为趋肤深度，它表征涡流在导体中的趋肤程度，用符号 δ 表示，单位是 m。由半无限大导体中电磁场的麦克斯韦方程可以推导出距离导体表面 x 深度处的涡流密度为

$$I_x = I_0 e^{-\sqrt{\pi f \mu \sigma} x} \tag{2-9}$$

式中，I_0 为半无限大导体表面的涡流密度，单位是 A；f 为交流电流的频率，单位是 Hz；μ 为材料的磁导率，单位是 H/m；σ 为材料的电导率，单位是 S/m。

则标准透入深度为

$$\delta = \frac{1}{\sqrt{\pi f \mu \sigma}} \tag{2-10}$$

从式(2-10)可以看出，频率越高、导电性能越好或导磁性能越好的材料，趋肤效应越显著。图 2-10 所示为不同材料的标准透入深度与频率的关系。

例如，$f=50$ Hz 时，退火铜(磁导率 $\sigma=5.8\times10^7$ S/m) 的标准透入深度为 0.009 3 m；当频率 $f=5\times10^{10}$ Hz 时，标准透入深度为 2.9×10^{-7} m。图 2-11

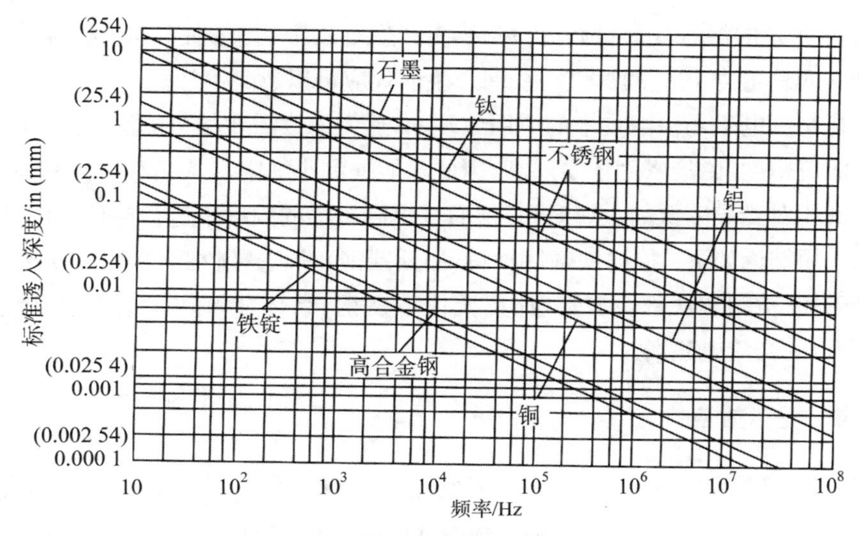

图 2-10　不同材料的标准透入深度与频率的关系

所示为一平板导体中涡流密度随透入深度变化的曲线，假设该平板导体表面涡流密度为 1。

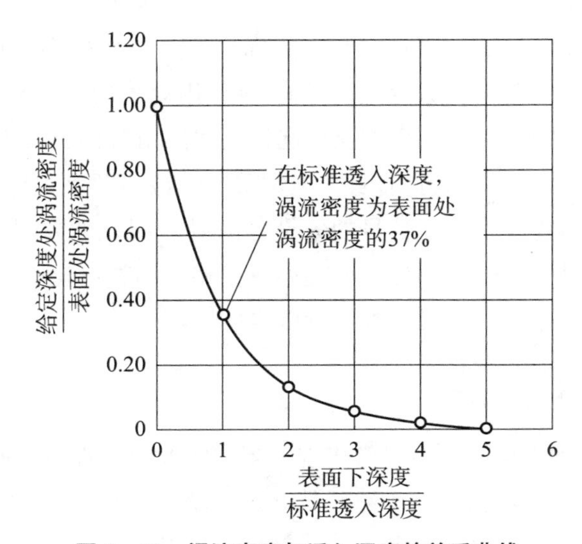

图 2-11　涡流密度与透入深度的关系曲线

在实际工程应用中，标准透入深度 δ 是一个重要的数据，因为在 2.6 倍的标准透入深度处，涡流密度一般已经衰减了约 90%。工程中，通常定义 2.6 倍的标准透入深度为涡流的有效透入深度，其意义如下：将 2.6 倍的标准透入深度范围内 90%的涡流视为对涡流检测线圈产生有效影响，而在 2.6 倍标准透入深度以外的总量为 10%的涡流对线圈产生的效应可以忽略不计。

在交流电磁场检测技术的应用原理中，透入深度需要尽可能小，这样工件表层的涡流密度/磁场密度才足够高，因此才能检测小缺陷。从相对磁导率高的金属转到相对磁导率低的金属时，必须通过提高磁场的频率来进行补偿。因此，一般的应用结论如下：检测铁磁性材料（如低碳钢）时，选择较低频（如 5 kHz）的交流电磁场；检测非铁磁性材料（如奥氏体不锈钢、铝合金等）时，选择较高频（如 50 kHz）的交流电磁场。

2.3.4 提离效应

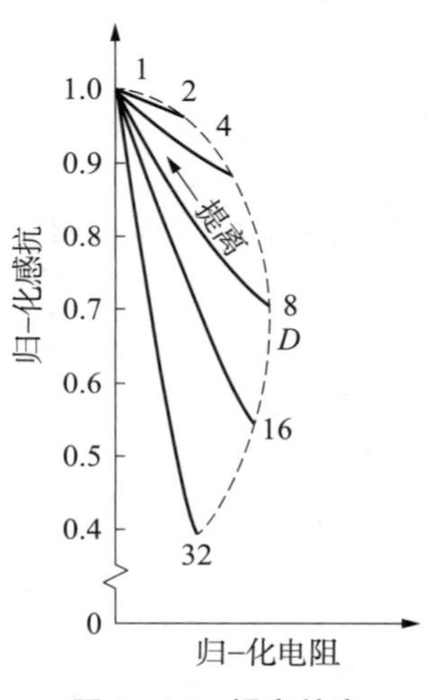

图 2-12 提离效应

提离效应这一概念是针对放置式线圈而言的，指随着检测线圈离开被检测对象表面距离的变化而感应到涡流反作用发生改变的现象。提离效应与放置式线圈直径 D 的关系如图 2-12 所示。对于外通过式和内穿过式线圈而言，表现为棒材外径和管材内径或外径相对于检测线圈直径的变化而产生的涡流响应变化的现象。无论是提离效应，还是填充系数变化的影响，其作用规律均较为显著和一致，即该因素变化引起检测线圈阻抗的矢量变化具有固定的方向，且在通常采用的检测频率条件下，该方向与缺陷信号的矢量方向具有明显的差异，因此采用适当的信号处理办法或相位调整可比较容易地抑制或消除这类干扰因素的影响。

2.3.5 边缘效应

边缘效应在涡流检测中会经常出现。当检测线圈扫查中接近零件边缘或其上面的孔洞、台阶时，涡流的流动路径就会发生畸变，如图 2-13 所示。

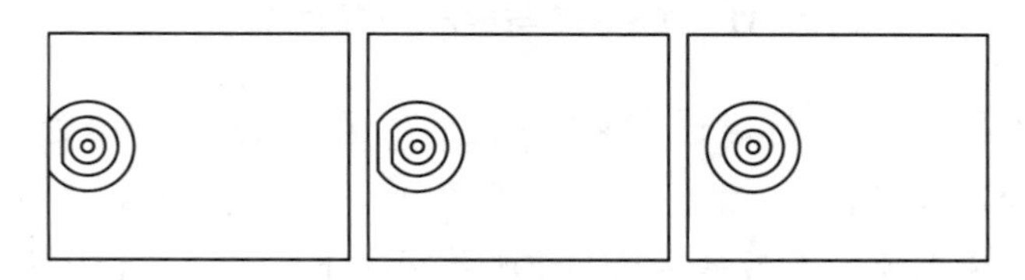

图 2-13 涡流的边缘效应

这种由于被检测部位形状突变引起的涡流变化通常远远超过所期望检测缺陷的涡流响应，如果不能消除这种影响，也就无法检测出靠近或存在于试件边缘的缺陷。边缘效应作用范围的大小除了与被检测材料的导电性、导磁性相关，还与检测线圈的尺寸、结构有关。鉴于在这种条件下电磁场与涡流分布较为复杂，因此不做进一步的理论分析与计算。从实际经验来说，对于非屏蔽式线圈，通常认为磁场的作用范围是检测线圈直径的2倍，如图2-14所示。

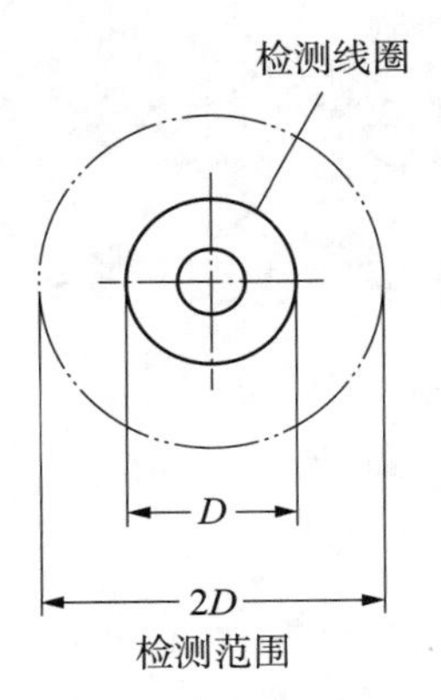

图2-14　磁场的作用范围

第 3 章　交流电磁场检测技术的物理原理

本章在第 2 章的基础上介绍交流电磁场检测技术的物理原理，本章是理解交流电磁场检测技术的核心章节。

3.1　原理概述

一个通交变电流的特殊线圈（激励线圈）靠近导体时，交变电流在周围的空间中产生交变磁场，被测工件（导体）表面的感应电流由于趋肤效应聚集于工件的表面。当工件中无缺陷时，感应电流线彼此“平行”，工件表面有匀强磁场存在；若工件中有缺陷存在，由于电阻率的变化，势必对电流分布产生影响，电流线会在缺陷附近产生偏转，工件表面的磁场就会发生畸变。这个磁场的变化强弱就能反映出裂纹的尺寸。根据法拉第电磁感应定律，线圈（检测线圈）切割磁场产生电动势，检测此电动势即可检测感应磁场，也就是可以检测缺陷信息。

如图 3－1 所示，大线圈绕制在较大的轭铁上，形成较大的激励磁场，两个轴线互相垂直的小线圈为检测线圈，用来切割磁场产生电动势。这两个检测线圈所切割的磁场恰好提供了有关裂纹等缺陷的深度信息和缺陷端部位置信息。B_x 信号展示了缺陷深度信息，B_z 信号展示了缺陷长度信息。

3.2　基本假设

ACFM 的理论基础是电磁感应原理，该技术得以实际应用是基于两个基本

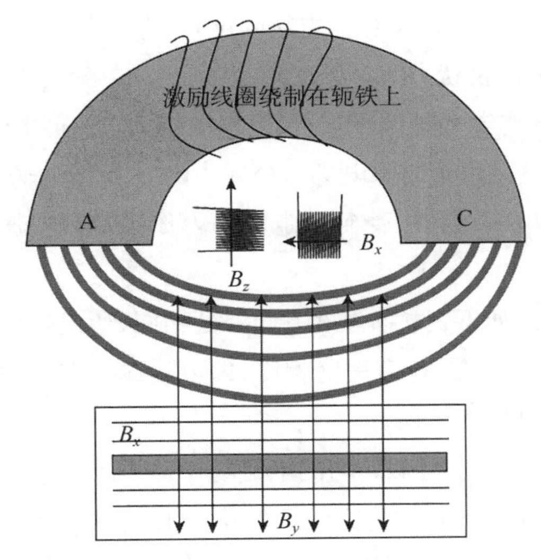

图 3-1　ACFM 的激励与接收布置

假设：

（1）传感器（探头）在被检表面建立一个近似均匀的磁场，并感应出一个近似均匀的电场。

（2）表面缺陷（裂纹）是满足长度、深度比超过 2∶1 的面状半椭圆模型。

3.2.1　均匀电磁场

1）均匀磁场

均匀磁场是一个常用物理概念，它是一个理想化模型，完全均匀的磁场是不存在的。均匀磁场是指内部的磁场强度和方向处处相同的磁场，又称为匀强磁场，它的磁力线是一系列疏密程度相同的平行直线，如图 3-2 所示。

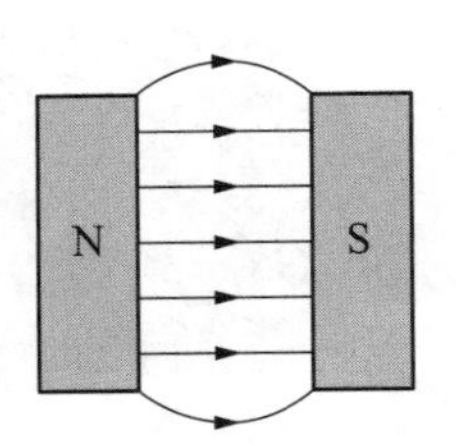

图 3-2　均匀磁场

常见的匀强磁场有如下几种：较大的蹄形磁体两磁极间的磁场近似于均匀磁场；长通电螺线管内部的磁场；相隔一定距离的两个平行放置的线圈通电时，其中间区域的磁场。

2）均匀电场

均匀电场与均匀磁场的概念类似，电场中各点场强大小相等、方向相同，该区域电场为匀强电场，也可称为均匀电场。匀强电场的电场线是疏密程度相同的平行直线。

在匀强电场中，$E=U/d$，E 为电场强度，U 为两点间电势差，d 为沿电场线方向的距离，E 的单位是伏/米(V/m)或牛/库(N/C)。其物理意义如下：沿电场线方向，单位长度的电势降低，单位长度电压越大，场强越大。

注意：此公式只适用于匀强电场。公式中的 d 是指电场中两点间的距离沿电场方向的投影。电荷在其中受到恒定电场力作用，带电粒子在其中只受电场力时做匀变速运动。

均匀电场的特点如下：电场强度方向处处相同，所以电场线是平行线；电场强度大小处处相等，电场线疏密程度相同，即电场线分布均匀；带电粒子在均匀电场中受到恒定的电场力作用。

3）交流电磁场检测中近似均匀的电磁场

如图 3-3 所示，ACFM 中为产生近似均匀的电磁场，利用较大尺寸的线圈绕制在相对较大尺寸的 C 形铁芯上，从而在工件表面(尤其是表面较小的局部，该局部将来用以接收信号)形成近似均匀的磁场(值得注意的是，这里的均匀磁场是指在某一时间点磁场强度和方向处处相同)，该磁场在工件表面感应形成的电流就是近似均匀的电场，如图 3-4 所示。

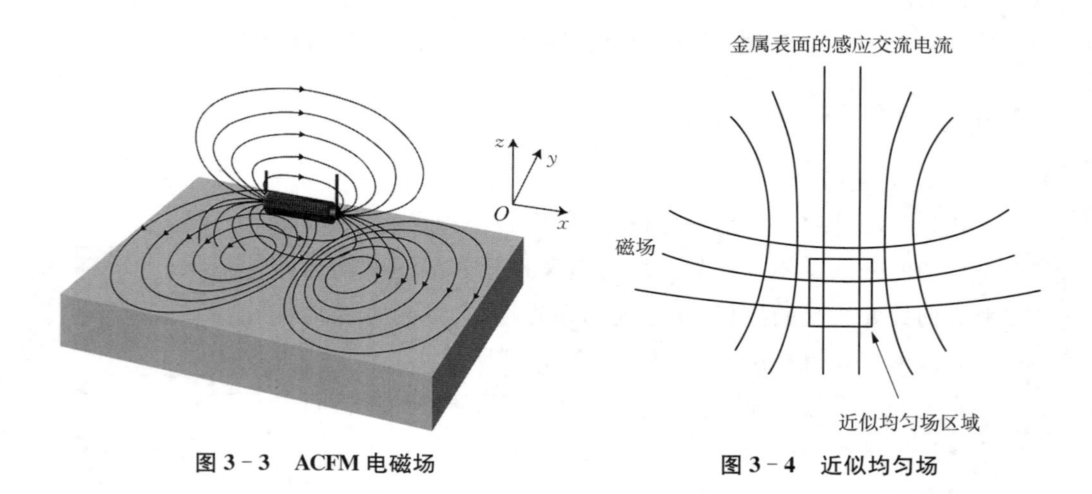

图 3-3 ACFM 电磁场

图 3-4 近似均匀场

3.2.2 表面裂纹的特征

裂纹的几何特征有以下三种：

(1) 穿透裂纹(贯穿裂纹)，简化模型为尖裂。

(2) 表面裂纹,简化为半椭圆形裂纹。

(3) 内部裂纹,简化为椭圆片状裂纹或圆形裂纹(钱币状裂纹)。

上述裂纹的几何特性如图 3-5 所示。

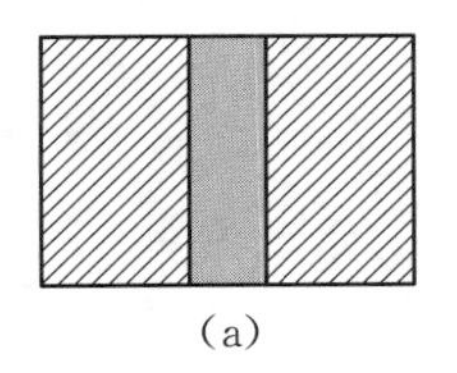
(a)

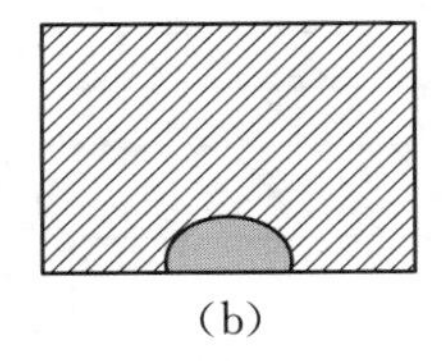
(b)

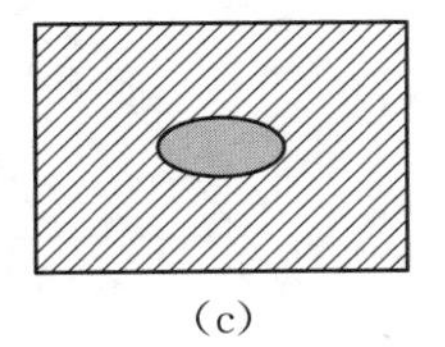
(c)

图 3-5　裂纹几何特性

(a)穿透裂纹;(b)表面裂纹;(c)内部裂纹

一般表面裂纹均可满足近似半椭圆和长深比大于 2∶1。真实表面裂纹如图 3-6 所示。

图 3-6　表面裂纹解剖图

3.3　三维磁场及电场的变化规律

我们期望在工件的上表面建立如图 3-7 所示的电磁场三维分量,其中 y 方向为电场方向,x 方向为磁场方向,z 方向一般为工件厚度方向。

电场线或磁场线的疏密代表着电场或磁场强度的大小,同时较密的 y 方向的感应电场会感生出较大的 x 方向的感应磁场(x 方向的磁场线较密),如图 3-8 和图 3-9 所示。

若将 ACFM 传感器探头置于待测金属表面,则可在其表面感应出可变电流。当金属表面没有裂纹时,探头在金属表面激发出一个匀强磁场,此时磁场在三维坐标上的分量为 $B_x > 0$, $B_y = B_z = 0$,也就是说,在这种无缺陷状态下,只有 x 方向上存在磁场分量,在其他两个方向上,磁场均为 0。

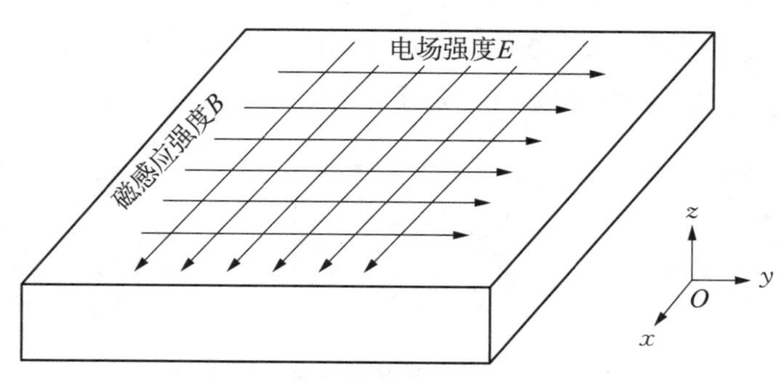

图 3-7　工件上的电磁场三维分量

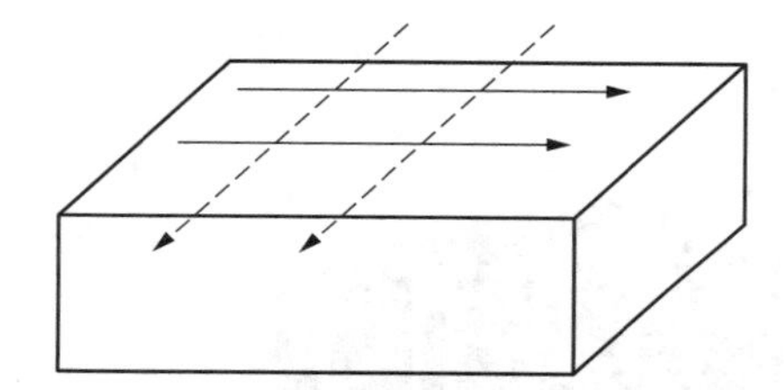

图 3-8　低电场线密度(实线)生成低磁通密度(虚线)

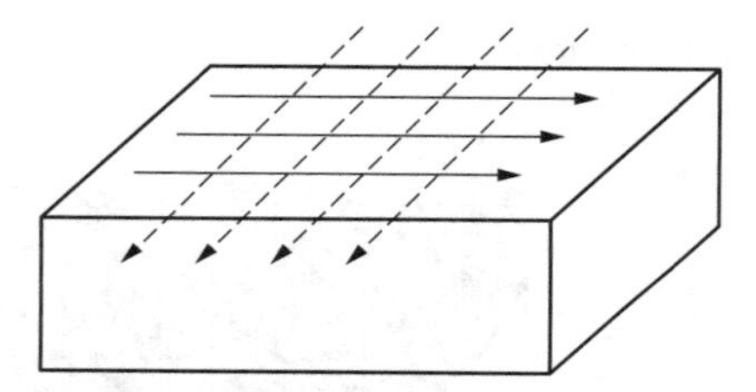

图 3-9　高电场线密度(实线)生成高磁通密度(虚线)

若探头探测到裂纹等缺陷,则电流会在裂纹周围和下方绕流,此时的匀强磁场将变为非均匀磁场,那么此时 x、y 及 z 方向的磁场分量又是多少呢？图 3-10 是受缺陷影响后的 y 方向的电流场的畸变示意图。图 3-11 则表明 x 方向的磁场不再均匀,z 方向的磁场不再为零。

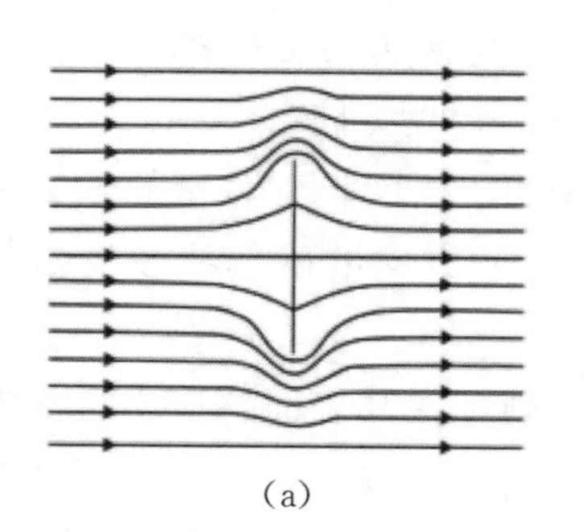

(a)

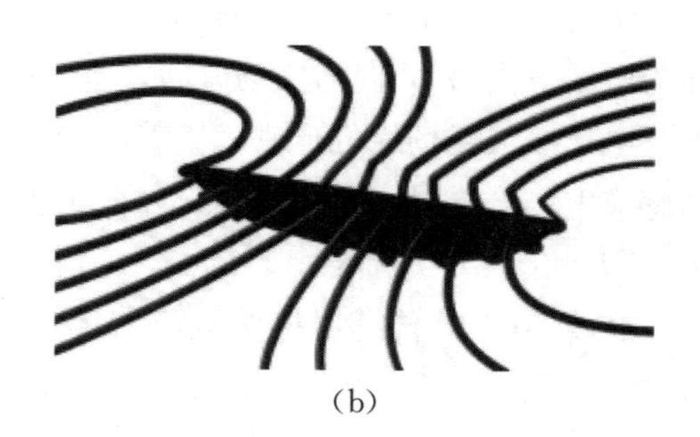

(b)

图 3-10　受裂纹影响的工件表面电流畸变
(a)平面示意图;(b)立体图

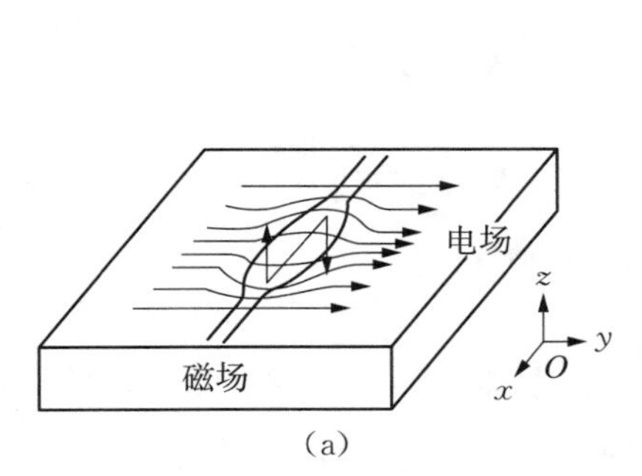

(a)

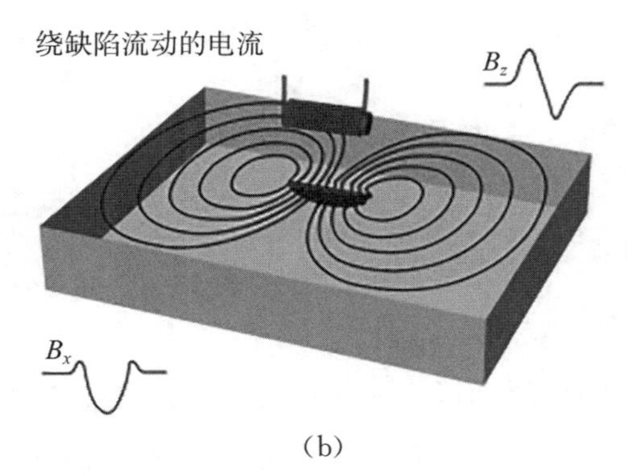

(b)

图 3-11　受缺陷影响后的电场、磁场畸变
(a)畸变示意图;(b)畸变仿真图

接下来,我们着重分析 x 和 z 方向的磁场分量 B_x 和 B_z。

存在缺陷时,由于电流向裂纹两端和底面偏转,使流进裂纹面的电流强度下降,平行于工件表面和裂纹走向的磁感应强度 B_x(x 方向的磁场分量)会随着 y 方向电场分量的变化而变化。显然,存在缺陷时,y 方向的电场线会在缺陷中间变得稀疏,在缺陷两端变得密集,因为电流总是寻找电阻最小的路径流通,也就是说,y 方向的电场及与之对应的 x 方向的磁场在缺陷两端较大,而在缺陷最深处电流最稀疏(B_x 最小)。因此,B_x 的极小值对应裂纹最深处,从而可以测出裂纹的深度,如图 3-12 所示。

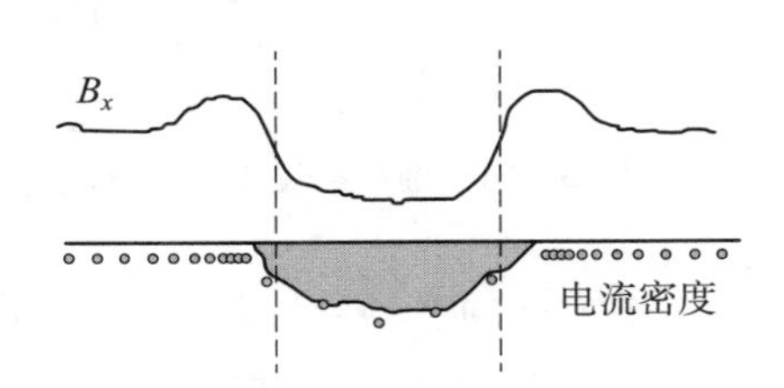

图 3-12　B_x 信号的形成

B_x 信号的检测利用水平传感器(轴线水平放置的小线圈)。如果探头从工件移向边缘,信号随着远离金属而减弱。如果探头从空气移向工件,信号随着金属的增加而增强。如果探头通过裂纹,信号减弱,因为裂纹中充满空气和铁锈等,阻碍电流的流动。该传感器就是通过检测这一电流来检测金属的存在,如图 3-13 所示。如果裂纹使电流远离表面,传感器认为存在的金属减少。因此,B_x 传感器又称为“金属探测器”。

B_x 曲线在裂纹两端略有上升,是因为电流试图绕开裂纹末端,造成末端电流密度增加,如图 3-14 所示。

裂纹的深度是通过 B_x 信号测得的,其实质是通过测量信号背景值和最低值之间的降幅进行计算,如图 3-13 所示。另外,前文讲到大多数小裂纹是半椭

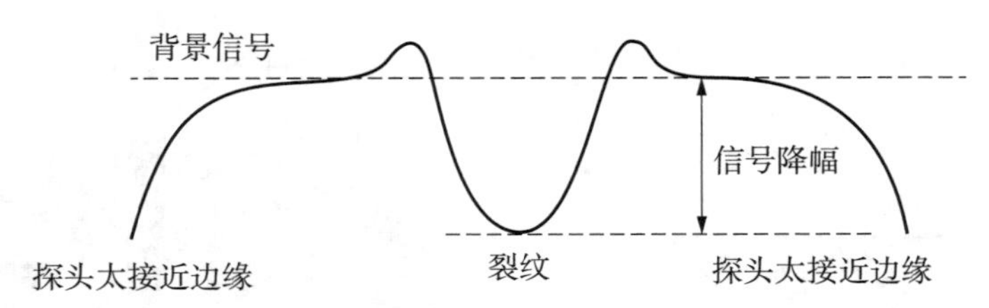

图 3-13　边缘效应引起的 B_x 信号

圆形的，但是，一些较大的裂纹可能有较为复杂的形状。B_x 曲线不仅能给出裂纹的深度信息，还能显示裂纹的横截面形状。如图 3-15 所示，B_x 就像一只金属探测器，存在的金属多时，信号增强，金属少时，信号减弱。

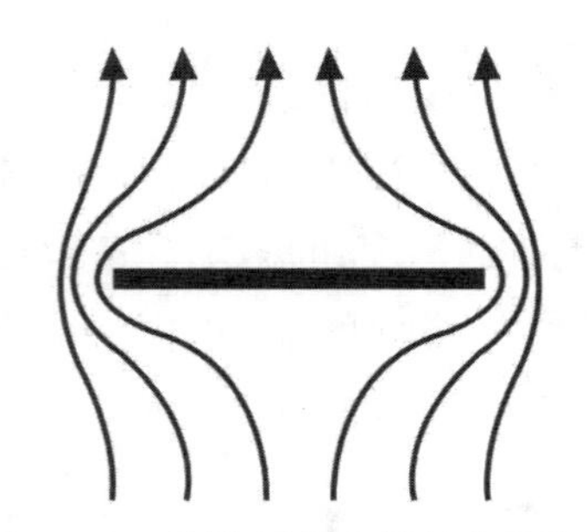

图 3-14　围绕裂纹末端的电流密度

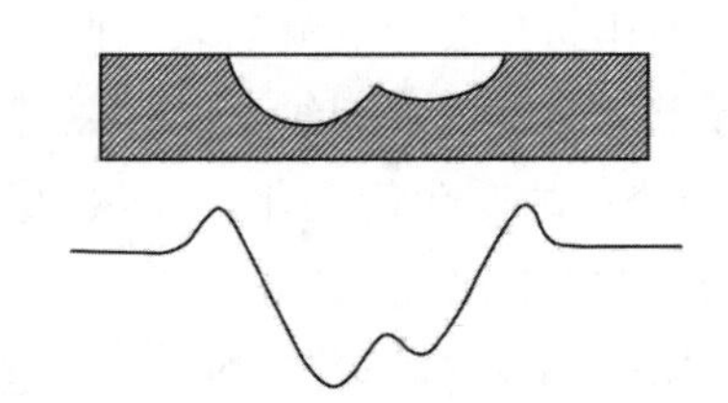

图 3-15　复杂裂纹对应的 B_x 信号

z 方向的磁场分量 B_z 在无缺陷时或远离缺陷时为 0，当靠近缺陷边缘时，y 方向电场线发生畸变，环绕成圆弧状往前传播，缺陷两端的环绕时钟方向正好相反。利用右手螺旋定则，若缺陷的某一端电流场顺时针环绕，则产生向下的 z 方向磁场（朝向 z 轴负半轴方向）；若缺陷另一端电流场逆时针环绕，则产生向上的 z 方向磁场（朝向 z 轴正半轴方向）。这样就可以通过 B_z 测量出裂纹等缺陷的两个端点信息（即可以测裂纹长度），如图 3-16 所示。

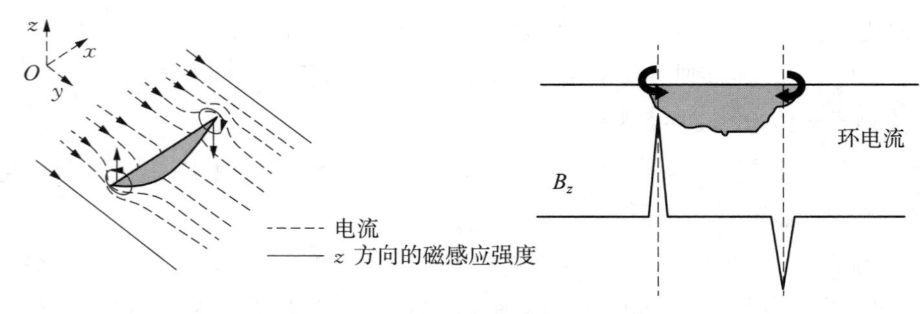

图 3-16　缺陷处 B_z 信号的形成

B_z 信号的检测利用垂直传感器（轴线垂直放置的小线圈）。垂直方向（z 方向）存在磁场时，垂直传感器就能感生电流，检测缺陷两端电流的峰值，就可以获得缺陷的长度信息，如图 3－17 所示。

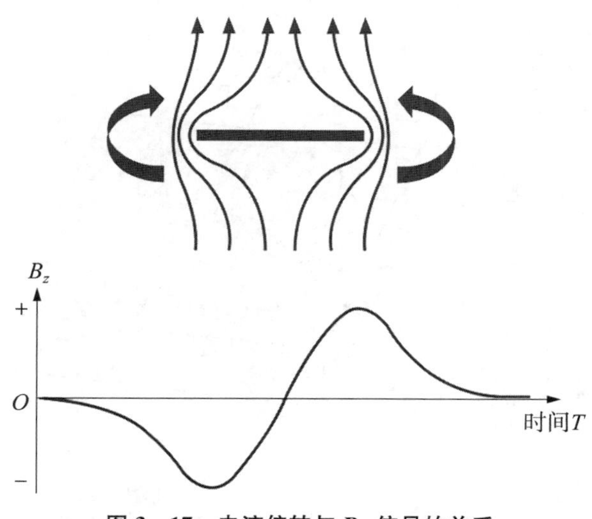

图 3－17　电流偏转与 B_z 信号的关系

工件中的一个缺陷对应的 B_x 和 B_z 信号如图 3－18(a)和图 3－18(b)所示。

本部分小结：

(1) 在工件表面产生的电磁场中，ACFM 是利用感应磁场（次级磁场）来检测缺陷的，这一点区别于其他电磁检测技术。

(2) 根据法拉第电磁感应定律，线圈（检测线圈）切割磁场产生电动势，检测此电动势即可检测感应磁场。

(3) 感应电流在 $x-y$ 平面内流动，x 方向的磁通量与 y 方向的电流强度成正比。

(4) 感应电流在 $x-y$ 平面内流动，y 方向的磁通量与 x 方向的电流强度成正比。

(5) 感应电流在 $x-y$ 平面内流动，z 方向（$x-y$ 平面之外）的磁通量与 $x-y$ 平面中的电流曲率成正比。

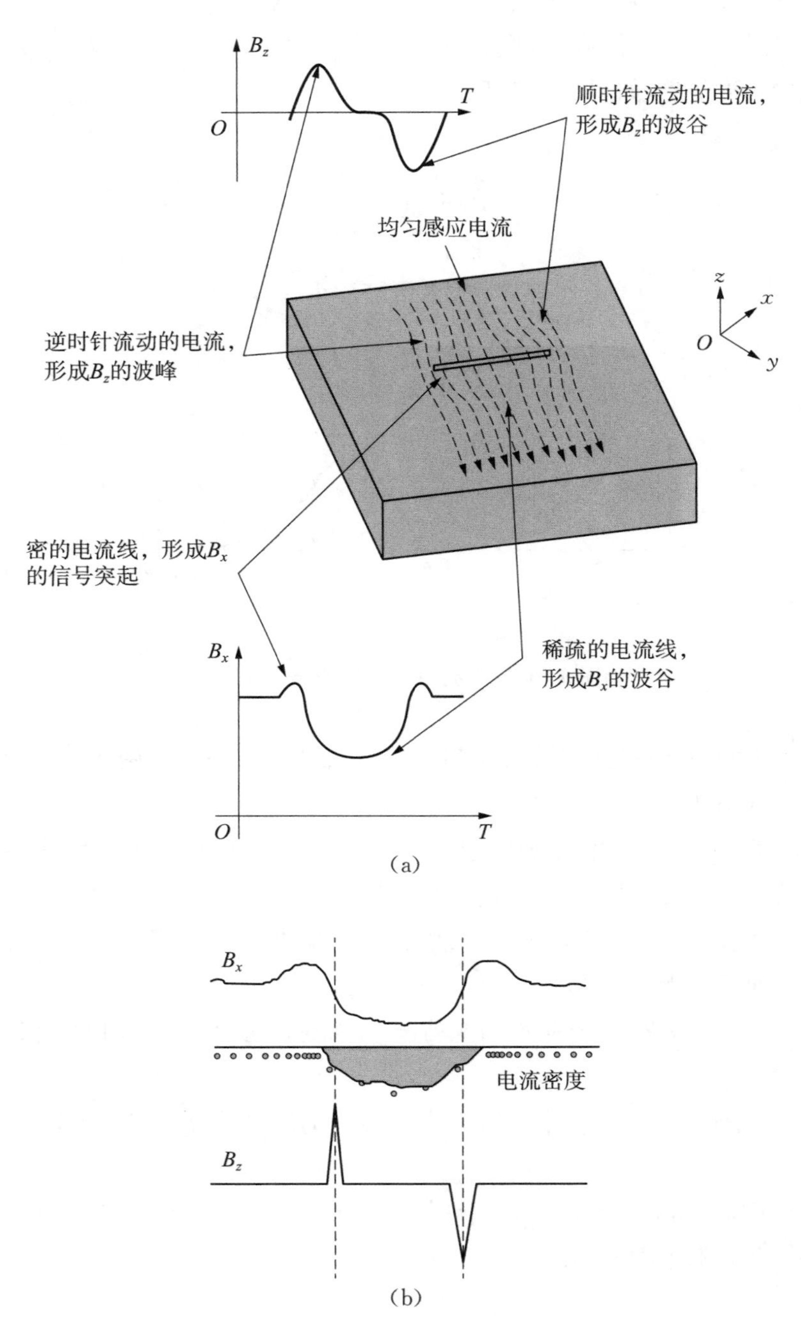

图 3-18 缺陷对应的 B_x 和 B_z 信号

(a)三维立体示意图；(b)剖面示意图

3.4　蝶形图显示

ACFM 是以可视化的方式向人们展示缺陷的存在，使人们对数据有更直观的理解。

ACFM 目前有三种可视化的方式：

(1) 时基扫描图：即上一节所讲的 B_x 和 B_z 的信号显示图形，如图 3-19(a)所示。

(2) 蝶形图：以 B_z 为横坐标、B_x 为纵坐标画出来的图形[见图 3-19(b)]，是本节论述的重点。

(3) 等值线彩色图。

B_x 信号和 B_z 信号分别为磁感应强度在 x 方向和 z 方向上的分量，它们通过时基扫描追迹显示。这两路信号的合成将在屏幕上形成“蝶形图”，之所以称为“蝶形图”，是因为裂纹产生的信号形状很像蝴蝶翅膀。

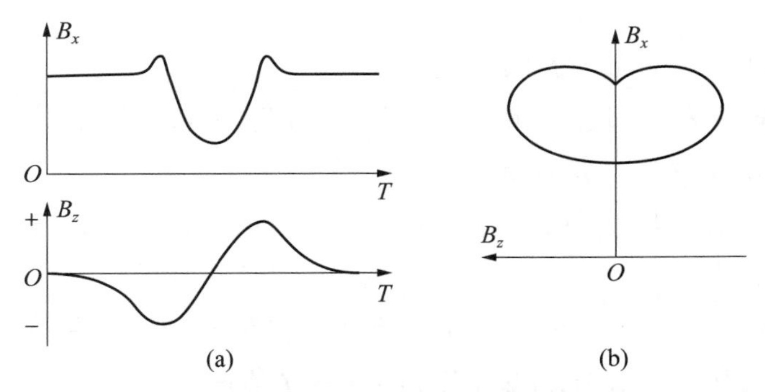

图 3-19　一个缺陷对应的 B_x、B_z 及蝶形图显示

(a)时基扫描图；(b)蝶形图

理解 B_x 和 B_z 这两路扫描信号之间的关系非常重要，让 B_x 信号显示为纵坐标，让 B_z 信号显示为横坐标，如图 3-20 所示。

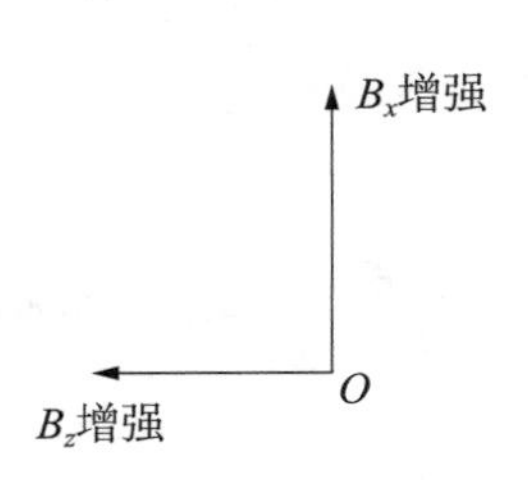

图 3-20　蝶形图的坐标系

在这样的坐标系下，已经将时间信息从显示屏上移除了，探头移动速度不再影响信号轨迹(蝶形图)。这一现象有助于操作者甄别裂纹缺陷与其他非缺陷类不连续如缝焊、打磨等。

探伤扫描中出现的裂纹状迹象所呈现的经典蝴蝶状图案如图 3-21 所示。显示器上蝶形图的扫描方向既可以是逆时针的，也可以是顺时针的，这取决于探头接近裂纹的方向(探头前沿的 A 方向或者 C 方向)。该方向(由操作者输入)将在软件面板上显示。

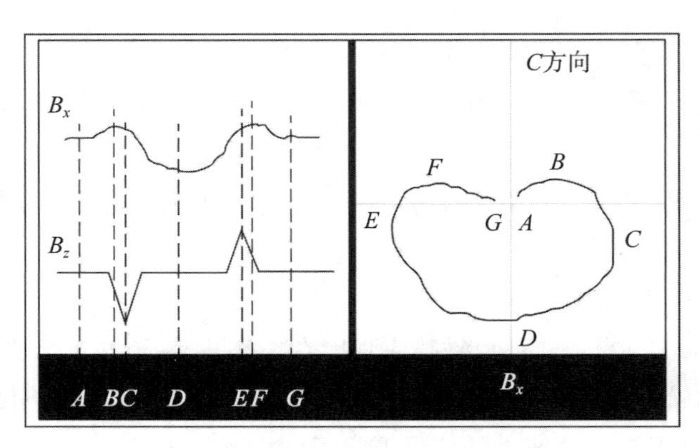

图 3-21 裂纹状信号迹象显示 B_x 与 B_z 的关系

图 3-21 中各位置点分析：

(1) 位置 A 和 G：远离缺陷处，此时对应的 B_x 为基础背景水平，B_z 为 0，在蝶形图中为坐标原点(或接近坐标原点)。

(2) 位置 D：缺陷最深处，此时对应的 B_x 为信号最低点，B_z 为 0，在蝶形图中为纵轴最低点。

(3) 位置 C 和 E：缺陷左、右端点，此时对应的 B_x 为信号基础背景水平，对应的 B_z 分别为正、负峰值，在蝶形图中为横轴极值点。

(4) 位置 B 和 F：如前文所述，B_x 曲线在裂纹两端附近略有上升，是因为电流试图绕开裂纹末端，造成末端电流密度增加。

综上所述，蝶形图与横轴的两交点可反映裂纹长度信息，与纵轴的交点可反映深度信息。

3.5 交流电磁场检测技术的特点

如前文所述，ACFM 是一种新型的无损检测和诊断技术，用于检测金属构件表面或近表面的裂纹缺陷，可以测量裂纹的长度和计算裂纹深度，具有非接触测量、受工件表面影响小的特点。同时，ACFM具有成本低、使用方便等显著的优势，ACFM对带有火焰喷涂层、油漆层、环氧树脂胶层的裂纹检测也很有效。该技术在检测高温中的非疲劳裂纹方面也扮演了重要的角色，能在－20～500℃的环境中工作。

3.5.1　ACFM的核心优点

（1）可测出导电金属、碳钢及合金表面裂纹的深度及长度。

（2）无须接触，无须耦合剂。

（3）受工件表面影响小，无须清理或稍许清理被测表面的油漆、涂层和杂质覆盖物，工件表面非导电覆盖物可厚达5 mm（甚至更厚）而无须清理，这一点比其他检测方法优越。

（4）裂纹缺陷的定性、定量检测一次完成，检测速度快、精度高。

（5）理论上数学模型精确，检测前无须做标定工作（calibration）。

（6）探头精心设计，可使信号对材料磁导率（磁特性）和探头与工件间距变化（提离）不敏感。

（7）对各种材质均有相同的精度，对磁性或非磁性金属焊材均可检测。

（8）可在高温表面、水下及辐射环境中使用。

（9）可自动记录数据，便于分析。

（10）操作简单，一般只需1～2人。

3.5.2　ACFM的局限性

（1）边缘影响。探头灵敏度受检测边缘影响，探头靠近检测区域的边缘（如板材边缘）时，探头信号会畸变。一些特制的探头可以减少边缘效应，但会影响其在其他区域的检测性能。

（2）裂纹形状。裂纹几何形状对裂纹深度的测量有影响。如果裂纹长度贯穿整个扫查区域，则深度测量可能不准确。当裂纹穿透被检测工件，ACFM就无法测量深度。

（3）裂纹尺寸测量。ACFM对裂纹尺寸测量是基于理论模型的，但理论模型可能与实际情况不完全一致。ACFM基于两个假定：①材料中感应产生线性均匀的磁场；②疲劳裂纹形状为半椭圆形。应考虑到探头的各种影响，选用正确的探头，尽量生成均匀的磁场。虽然半椭圆形裂纹是最接近实际的，但当裂纹打开时，实际形状可能会有别于半椭圆形。

（4）工件形状。一些紧凑、不规整的被检测工件形状会影响 ACFM 的检测信号，工件上有附着物时也会影响检测信号。测量裂纹尺寸时，应考虑到这些影响。

（5）表面腐蚀。如果表面腐蚀很少，几乎不会影响 ACFM 检测结果。但腐蚀较严重时，探头扫查可能会不平稳，一些凹坑也会产生噪声信号。就凹坑敏感性而言，小尺寸探头（较小的激励线圈）比大尺寸探头（较大的激励线圈）的敏感性强。

（6）材料变化。不同材料的磁导率不同，检测时，某些金属界面可能会产生较强的信号，干扰裂纹信号的识别。

3.5.3 ACFM 与其他检测技术的对比

ACFM 与电磁检测技术（ET）和磁粉检测技术（MT）、渗透检测技术（PT）的比较如表 3－1 和表 3－2 所示。

表 3－1 ACFM 与电磁检测技术（ET）的比较

项目	ACFM	ET
缺陷深度测定	可行	不行
标定	不需要	需要
缺陷位置	可测	可测
涂层穿透能力	强	很弱
对表面洁净度要求	低	很高
提离效应	小	大
灵敏度	低	高

表 3－2 ACFM 与磁粉检测技术（MT）和渗透检测技术（PT）的比较

项目	ACFM	MT/PT
缺陷深度测定	可以	不可以
自动数据记录	可以	不可以
涂层穿透能力	强	PT：无；MT：很弱
环保性	好	差

3.6　ACFM 检测精度简述

与任何无损检测技术一样，为了合理地利用 ACFM 所提供的信息，理解该技术的能力和可靠性是有必要的。可靠性只能根据大量的试验来决定，这些试验通过在实际工件中实际缺陷的检出来完成。这些试验的结果通常表达成检出率、定量不确定度或接收器特性。研究者已经对 ACFM 设备在不同的产品构件上进行过许多试验，有些是该技术的单独试验，有些则是与其他检测技术的对比试验。

随着技术的发展，研究者不断用 ACFM 设备在各种不同的产品构件上进行试验。这些构件往往需要包含自然的或模拟的缺陷。目前已经形成含有不同长度和深度的疲劳裂纹的焊接管节点（K、T、X、Y 形接头）试件库。国外研究者对不同形状的焊接节点中的约 200 个疲劳裂纹利用水下 ACFM 设备和其他技术设备一起进行了试验，目的是进行性能（检出率和定量不确定度）比较。其结论是，在缺陷长度和深度上，水下 ACFM 证明了其具有类似于水下 MT 的能力，而且交流电磁场测量具有较少的伪信号（在 120 个真实不连续中，ACFM 和 MT 产生的虚假信号分别为 10 和 39）。

3.7　ACFM 与 ACPD 的比较

交流电位差技术（ACPD）与 ACFM 非常相似。本质上，两者之间的区别在于信号显示的时效性和准确性。ACFM 是即时显示，而 ACPD 则不是，ACPD 在关键裂纹的长期监测、采集裂纹的更准确信息等方面效果更佳。比如，结构完整性工程师可能需要将一条由 ACFM 检测到的裂纹的更准确信息输入计算机模型中，这种情况下，可能会选用 ACPD 来获得上述所需的信息。

ACPD 的工作原理是在通过电压的探头下方以两根引线将一个恒定的小的交流电流直接注入检测工件，此时电流沿着裂纹下方电阻最小的路径流动，电阻与电流流过的距离成正比，将此路径的电阻与远离裂纹的一个类似的路径进行比较（见图 3 - 22）。

ACPD 电压探头由两个以精确距离布置的金属探头构成。探头分别放置在

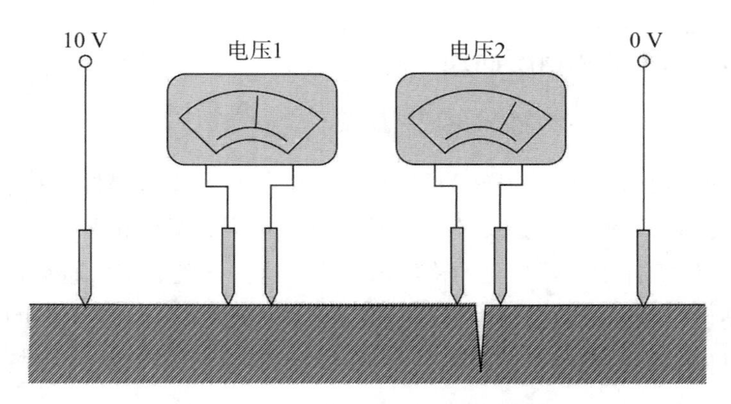

图 3-22 ACPD 的工作原理示意图

缺陷的上方和邻近处完好区域，施加高频（如 5 kHz）交流电通过工件。由于趋肤效应，电子在高磁导率和电导率的工件表面很浅的层内流动，一般仅有 0.1 mm 量级的表层深度。

如图 3-23 所示，V_R 是参考电势差，V_C 是穿越裂纹的电势差，Δ_R 是参考探针间距，Δ_C 是穿越裂纹的探针间距，d_1 是某一探针处的裂纹深度，δ 是表层深度。

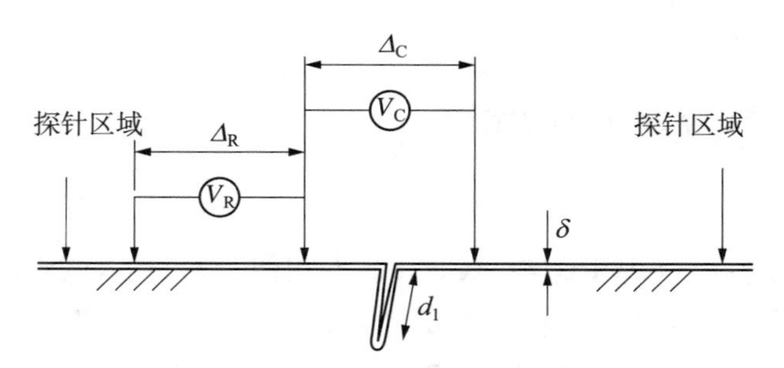

图 3-23 ACPD 测量示意图

假设金属表面和裂纹表面的电势梯度是线性的，穿越裂纹的电势差和参考电势差以及裂纹深度之间将有以下关系：

$$V_R \propto \Delta_R \tag{3-1}$$

$$V_C \propto (\Delta_R + 2d_1) \tag{3-2}$$

由式（3-1）和式（3-2），可以得到裂纹深度为

$$d_1=(\Delta_R/2)(V_C/V_R-\Delta_C/\Delta_R) \tag{3-3}$$

如图 3-23 所示，如果 $\Delta_R=\Delta_C$，那么式(3-3) 即可转化为

$$d_1=(\Delta/2)(V_C/V_R-1) \tag{3-4}$$

式中，Δ 是探针间距。

由式(3-3)可知，只有参考探针间距 Δ_R 是需要用来确定裂纹深度 d_1 的，并且实验中 Δ_R 是比较容易精确测量的，因为一般参考探针设置在母材上而不包含焊缝余高。

ACPD 测定在这一点上的裂纹深度，然后将探头沿裂纹长度方向移动 1～2 mm，重复以上测量，然后将测量结果汇在图上，显示精确的裂纹深度是如何沿其长度方向变化的。

总结 ACFM 和 ACPD 这两种技术，可以说它们是互补的，ACFM 用于快速裂纹检测，ACPD 则用于获得已发现的任何关键缺陷的更为详细的信息。表 3-3 列出了 ACFM 与 ACPD 之间的差异。

表 3-3　ACFM 与 ACPD 之间的差异

项目	ACFM	ACPD
检测速度	非常快	非常慢
能否透过油漆等涂层	可以	不可以
对被测件的清洁度要求	很少或不需要清洁	需要与被测件有良好的电接触
电接触	不需要	需要
水下检测	方便	很困难
缺陷深度确定方法	基于数学模型	精确测量
确定深度的假设	裂纹界面是半椭圆形的	未对裂纹形状做假设，但假设了裂纹长度大于深度的两倍

第 4 章　ACFM 检测系统

4.1　ACFM 检测系统概述

如图 4-1 所示，ACFM 检测系统包括硬件和软件两部分，其中硬件系统主要包括水上模块(主机)、水下模块、微机、变压器、ACFM 探头和功能测试试块等。这些硬件模块的主要功能为信号激励、信号采集与处理、信号显示等。有些便携式设备将主机集成于工控微机中，使用起来更为方便。探头内部包含了激励线圈、磁场传感器和放大电路。由信号激励模块产生的正弦交流电加载在探头的线圈上，激励线圈产生交变的一次磁场，同时，交变的一次磁场又能在试件表面产生交变电流，交变电流遇到缺陷后产生二次磁场。此时，通过传感器拾取二次磁场的畸变情况，将磁信号转换为毫伏级的电压信号，通过放大电路将信号传输到采集卡中，采集得到的模拟量被转化为数字量，经过计算机软件的处理，就可以实现对缺陷信号的分析，得到缺陷特征量。

当需要在水下使用时才用到水下模块。软件为系统控制及缺陷定量分析系统，如 WAMⅠ、QFM 等，各种软件有类似的人机界面，便于学习和使用。

常用的 ACFM 水下检测装备分为潜水员型和遥控潜水器(remotely-operated vehicle, ROV)型两种类型。一般水下单元的大小影响着检测物所在的水深。

潜水员型系统包括 1 个水上使用的计算机、水上模块(为系统提供所有能量)、1 条长的电缆和 1 个水下模块。计算机控制整个系统，同时也是数据检测单元。

ROV 型水下机器人的系统配置如图 4-2 所示。ROV 型系统一般利用

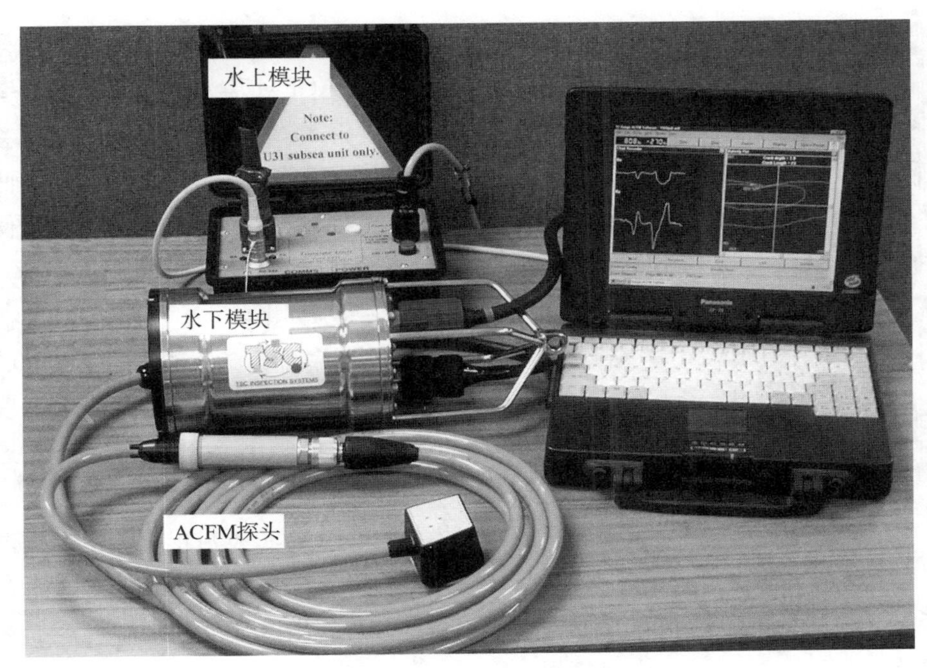

图 4－1　典型 ACFM 检测系统

ACFM 阵列探头，这样避免了绕焊缝结构进行扫查。与潜水员型系统一样，ROV 型系统也由水上使用的计算机控制。潜水员型系统与 ROV 型系统的主要区别是 ROV 型系统通过 ROV 电缆，可以同时与许多阵列探头相连，活动范围更大。

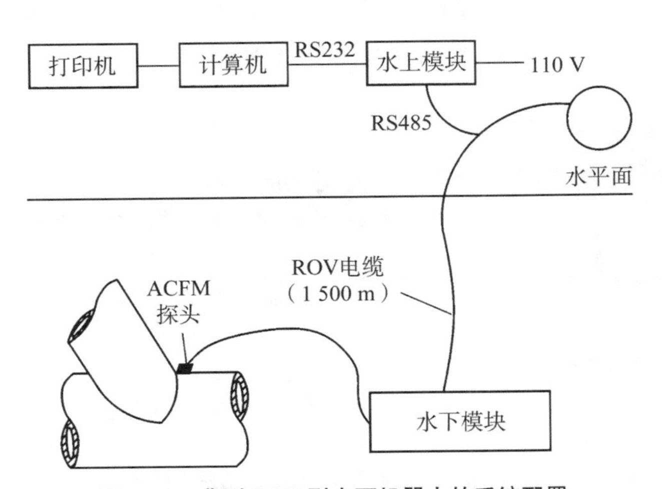

图 4－2　典型 ROV 型水下机器人的系统配置

图 4-3 水下模块实物图

水下模块实物如图 4-3 所示，装着产生电磁场信号的电气设备，由探头对原始 ACFM 信号进行采样和数字化。水下模块有两个连接头，一个连接水上单元的标签线缆（一般是 8 针），另一个连接探头（一般是 16 针）。两个接头都需要在下水前连接好，在水下不能换探头。使用后，所有的连接头都需要用清水冲洗并用硅喷雾润滑。

检测系统使用的注意事项如下。

（1）水下仪器和探头是抗水的，一般能到达 350 m 的深度，若需进行更深的水下检测，则需要更大的水下模块。当然，在连接电缆时还是要小心不要让水进入连接器。

（2）一般水上模块由 110 V 50/60 Hz 交流电源提供电能，用以与水下模块通信。事实上，这些模块能在 100～120 V 的电压范围下工作，对于水上模块，若超出这个范围则有可能损坏设备。

（3）用连接器连接水上或水下设备时，应避免弯折。

（4）绝不能用线缆拎设备。

（5）探头和连接器上不能有应力。

（6）线缆损坏时不能使用设备。

（7）水下不能将线缆脱离连接。

陆上使用 ACFM 检测系统与水下使用 ACFM 检测系统之间的主要区别就在于是否需要水下模块，如图 4-4 和图 4-5 所示。

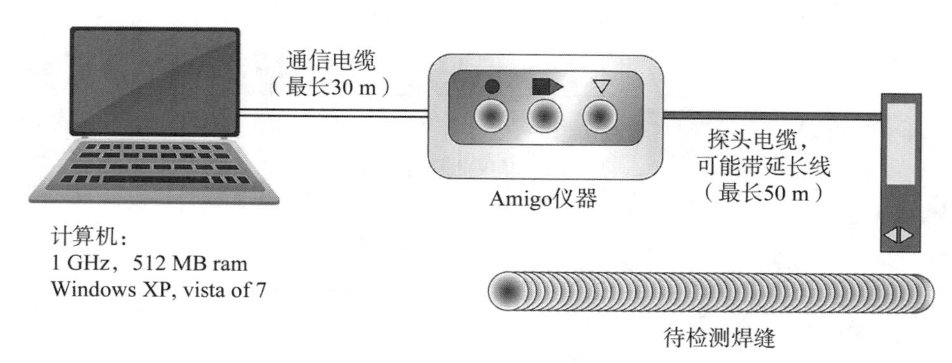

图 4-4 陆上使用 ACFM 检测系统框图

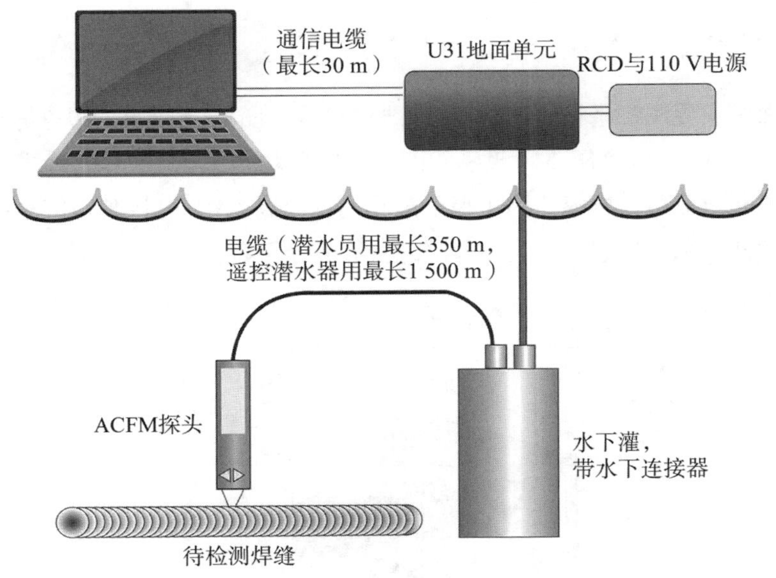

图 4－5 水下使用 ACFM 检测系统框图

4.2 ACFM 传感器(探头)

为了适应不同结构物的缺陷检测，需要设计不同的探头。按照传感器个数分类，可分为单探头和阵列探头。单探头采用单个磁场传感器，主要用于平板、管类结构的线性检测。阵列探头采用多个传感器，增加覆盖面积，提高检测效率，主要用于大面积平板类结构的缺陷检测。

不同于传统的涡流检测探头，ACFM 激励探头和检测探头是各自独立的，这样既可以使用较大的激励线圈以获得较大的检测范围和透入深度，又可以使用较小的检测线圈拾取信号以获得较高的空间分辨力和检测精度。激励探头能否很好地在工件表面感应出均匀交变电流是 ACFM 的基础和关键，感应电流的均匀性以及其幅值的大小将直接影响 ACFM 的检测精度。感应电流是由激励线圈产生的，激励线圈缠绕在 U 形磁芯上时，磁场强度最大值出现在工件表面，而无磁芯时磁场强度最大值在线圈处，而且 U 形磁芯存在时，工件表面的激励电流密度、磁场强度和磁感应强度均远远大于无磁芯线圈激励的情况。因此，在激励探头中加入磁芯有助于加强 ACFM 信号，提高检测灵敏度。

4.2.1 单探头

单探头主要用于平板、管类结构的线性检测。图 4-6 是单探头实物图。单探头主要由外壳(包含压盖)、激励线圈、磁芯、磁场传感器、信号处理模块、内部固定装置和通信接头构成。为了保证最小的提离高度，一般将激励信号部分(磁芯、激励线圈)和磁场感应部分(磁场传感器)置于下部。

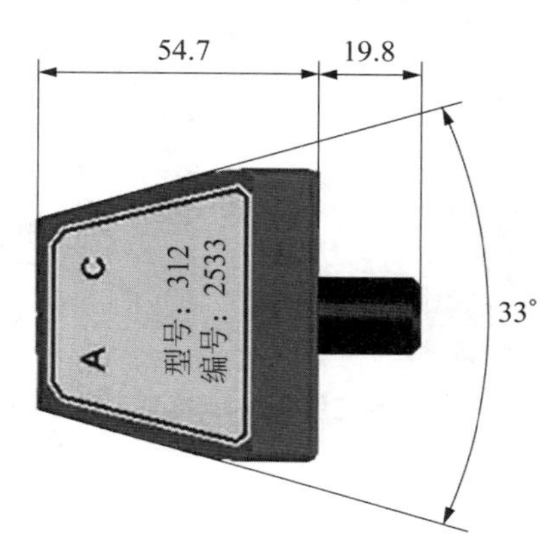

图 4-6 单探头实物图(单位: mm)

商用 ACFM 标准型单探头有如下几种：标准焊缝探头、铅笔探头、螺旋探头等，如图 4-7 所示。一般探头上都标有探头型号、系列号、A 和 C 方向的标记、中线或指标线、连接点。

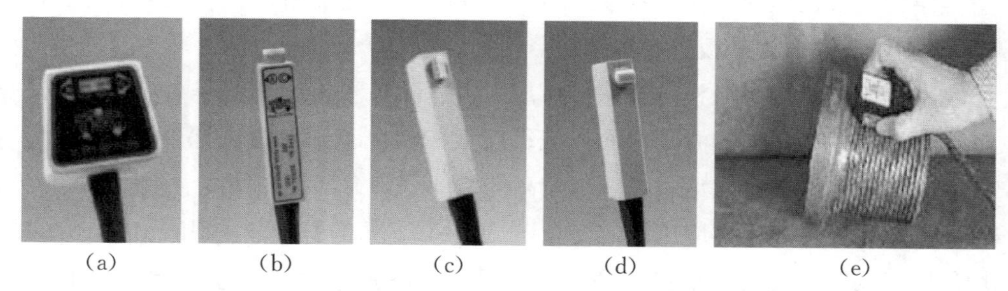

(a) (b) (c) (d) (e)

图 4-7 商用 ACFM 标准型单探头实物图

(a)标准焊缝探头；(b)铅笔型直探头；(c)直角铅笔探头；(d)横向铅笔探头；(e)螺旋探头

标准焊缝探头可较好地用于焊缝检测，其线圈设定的位置非常适合裂纹测量，它的边缘效应颇大，大约有 50 mm。它的检测范围约为探头顶端前后 10 mm

的区域,图 4 - 8 所示为某商用标准焊缝探头及相关尺寸。

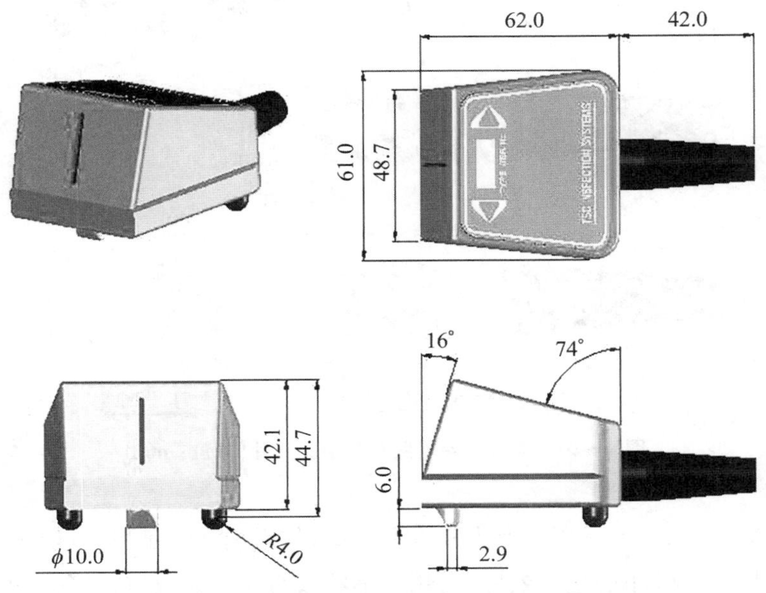

图 4 - 8　某标准焊缝探头及相关尺寸(单位: mm)

铅笔探头根据鼻子(nose)大小可分为迷你型和微型两种(见图 4 - 9 和图 4 - 10),每种类型探头的鼻子结构有直头、直角、横向三种形式。

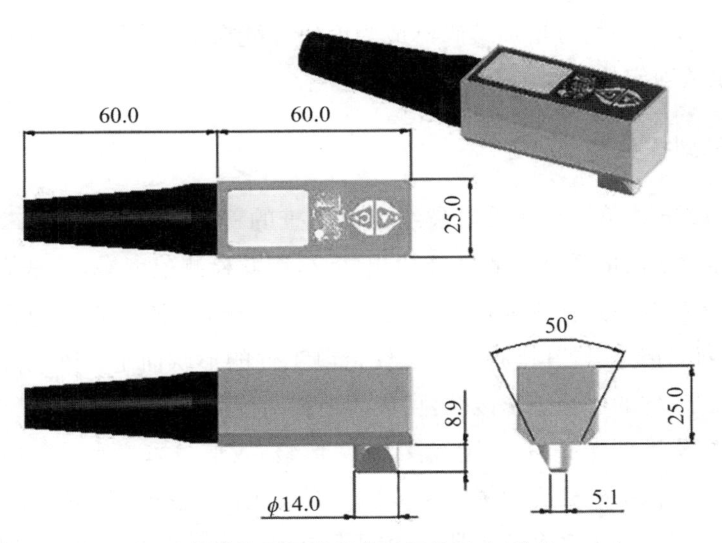

图 4 - 9　某迷你型铅笔探头及相关尺寸(单位: mm)

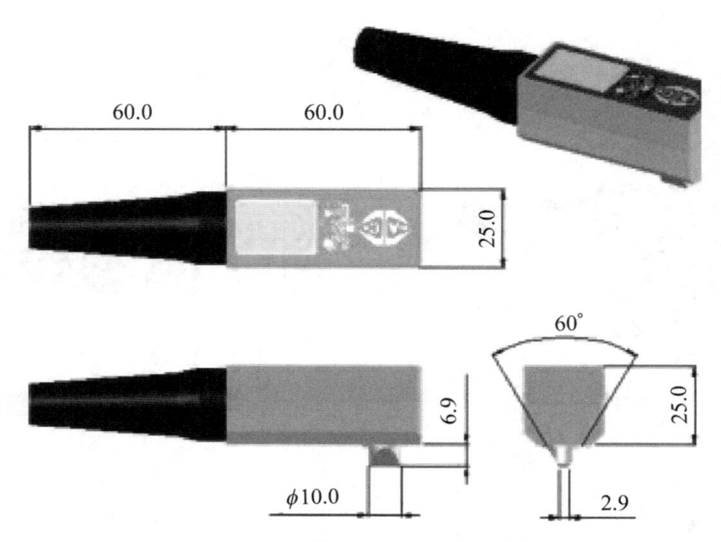

图 4-10　某微型铅笔探头及相关尺寸(单位: mm)

迷你型和微型铅笔探头专为紧凑型区域(如鼠洞和十字形区域)设计,具有较高的灵敏度、较小的边缘效应,可用于笔状或直角状裂纹;可在狭小的裂纹空间中操作,对探头的提离更加敏感;其接触面积很小,更易于摇摆和扭曲。

另外,ACFM 还特别适合于在大型螺纹(如钻铤螺纹)中检测裂纹及测量尺寸;可生产完全符合螺纹锁要求的形状的探头,也可在标准探头中的底座附加一个螺纹脚件。

上述各类探头均可增加编码器成为编码焊缝探头,可提供连续的定位参考值,并提供快速定位选项。

4.2.2　阵列探头

由于 ACFM 单探头是沿着裂纹方向扫查的,但是在裂纹方向未知的情况下,必须经过多次的重复扫查才能检出裂纹,因此检测速度慢,于是能一次覆盖整个矩形区域的阵列探头就产生了,如图 4-11 所示。阵列探头包含多个以特定方式排列的传感器,其排列方式可视待测工件的形状而定。阵列探头可以覆盖某一待测工件的一个矩形区域,可极大地提高检测速度。

阵列探头由外壳、绕有激励线圈的 U 形磁芯、信号采集和处理电路板及通信接头构成。探头外壳可由树脂材料加工而成,耐水、强度高、防静电。

阵列探头组合了多个传感器。根据不同的检测工作和不同的检测系统,阵

图 4－11　某商用阵列探头实物图

列探头也有所不同，主要分为两种：静态提放式和扫查式。根据形状、尺寸和覆盖范围不同，选用或订购不同的阵列探头。

（1）静态提放式阵列探头。包含多个传感器的静态提放式阵列探头一般用于连续的表面检测，探头直接放置在检测区域上。传感器阵列对检测区域进行综合扫查，每个传感器都读取各自的扫查结果。扫查结束后，提起阵列探头，移动被检测工件或探头，再沿着检测表面将探头放下。探头放置区域要有部分重叠，确保不会遗漏检测区域。扫查时，探头至少在被检测表面稳定放置 5 s。用于大直径管件的 T、K、Y 形接头焊缝扫查的静态提放式阵列探头如图 4－12 所示。用于板材焊缝或 T 形接头焊缝扫查的静态提放式阵列探头如图 4－13 所示。

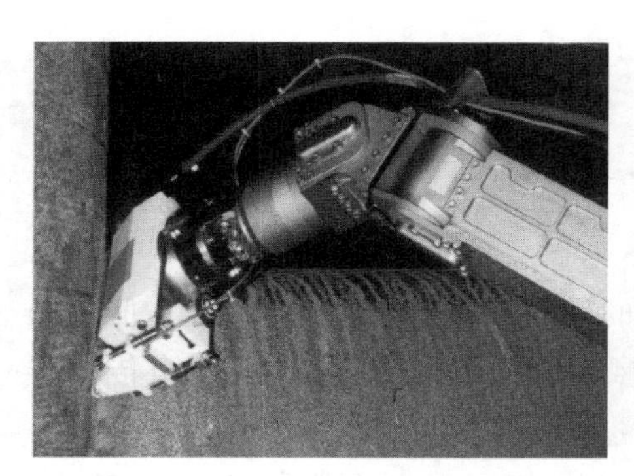

图 4－12　用于大直径管件扫查的某商用静态提放式阵列探头实物图

图 4－13　用于板材焊缝或 T 形接头焊缝扫查的某商用静态提放式阵列探头实物图

(2) 扫查式阵列探头。扫查式阵列探头包含大量传感器,扫查时沿着检测表面移动。通常用于板材表面检测,如大直径管壁、船壳板、螺旋桨叶等。该探头可以使用一个编码器,扫查的时候可以反馈位置信息。扫查时,探头必须与检测表面保持接触,保证扫查路径能准确追溯。该探头能安装在一个自带编码器的兼容的扫查系统上,安装时要避免探头受力过大或变形。用该系统扫查时,最大速度可达 15 mm/s,扫查速度不必很均匀。带编码器的扫查式阵列探头如图 4-14 所示。

图 4-14 某商用带编码器的扫查式阵列探头实物图

4.3 传感器(探头)选用流程

ACFM 检测探头可以选取多种形式的磁场传感器进行缺陷附近空间磁场信号的提取和转化,目前常用的有探测线圈、霍尔元件、异向性磁阻传感器(AMR)、巨磁电阻传感器(GMR)和隧道磁电阻传感器(TMR)等。

表 4-1 所示为 TMR 与其他三种磁场传感器性能参数的对比,可以看出,TMR 的功耗、尺寸都远小于其他传感器,而其灵敏度、分辨率和最大耐受温度均更高,检测范围更广,非常适合微弱磁场的检测。

表 4-1　磁场传感器性能参数对比

传感器类型	功耗 /(×10^{-3} W)	芯片尺寸 /mm	灵敏度 /[mV/(V·Oe*)]	动态范围 /T	分辨率 /T	温度特性 /℃
霍尔元件	5～20	1×1	0～0.05	10^{-4}～0.1	5×10^{-3}	<150
AMR	1～10	1×1	0～1	10^{-7}～10^{-3}	10^{-6}	<150
GMR	1～10	2×2	0～5	10^{-5}～10^{-3}	2×10^{-5}	<150
TMR	0.001～0.01	0.5×0.5	0～100	10^{-7}～10^{-2}	10^{-6}	<200

* Oe，奥斯特，磁场强度单位，1 Oe = 79.5775 A/m。

不同结构的缺陷检测需要配以不同类型的探头，以提高检测速率和检测精度，常见的探头有单探头、阵列探头、笔式探头、楔形探头、螺纹螺栓探头、管道探头等，图 4-15 所示为不同类型的部分探头实物图。

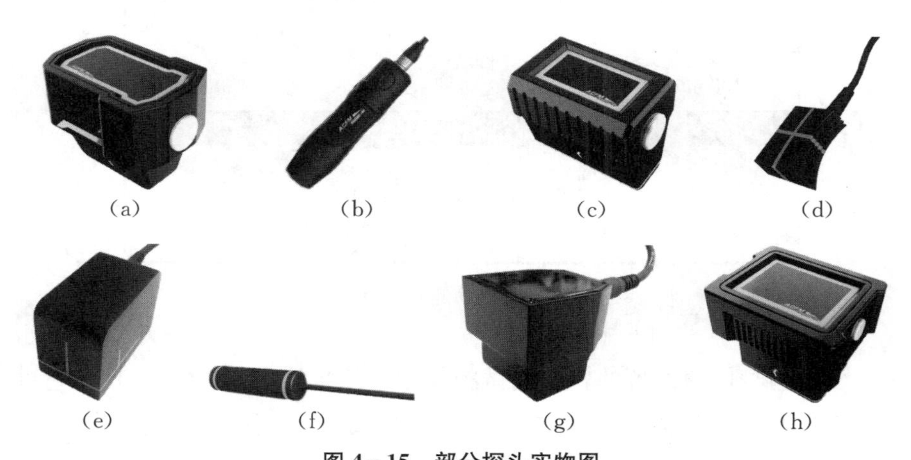

图 4-15　部分探头实物图
(a)单探头；(b)笔式探头；(c)楔形探头；(d)螺纹螺栓探头；
(e)平面阵列探头；(f)管道探头；(g)三阵列探头；(h)七阵列探头

每种探头各有其独特的优势和适用范围。单探头扫查属于线扫查，探头内部放置单个传感器，单传感器的分辨范围较窄，一次扫查只能提取该路径上的电磁场信息，一般用于管道和平面的扫查。对于大面积工件的检测来说，使用单探头检测需要多次重复扫查，而平面阵列探头由于内部放置多个传感器，可使分辨范围大大提高，单次扫描面积更广，检测速度更快。笔式探头适用于小工件检测或者工件上焊缝和管接点等阵列探头无法伸入的区域的检测。螺纹螺栓探头用于管道螺纹部分的缺陷检测。楔形探头用于工件表面焊缝的检测。内穿式管道探头用于直径较小的管道检测。

4.4 功能测试试块

一般的无损检测方法如超声检测，在检测前需要对检测系统在合适的试块上进行标定(calibration)，只有标定后的系统才能有效地实施检测。而ACFM无须标定，操作者仅需确保仪器和探头的组合能够正常操作即可。为此相关标准推荐了功能测试试块，其包含一个长 50 mm、深 5 mm 的半椭圆狭缝(模拟裂纹)和一个长 20 mm、深 2 mm 的半椭圆狭缝(模拟裂纹)，这些模拟缺陷离试块边缘至少 100 mm(见图 4－16)。

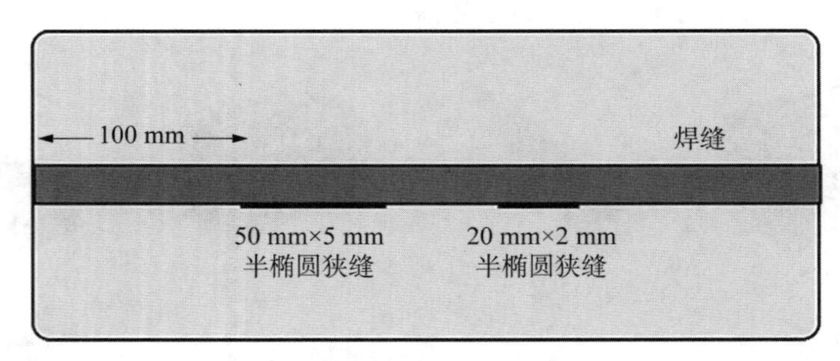

图 4－16 功能测试试块

一般采购时伴随设备的轻型测试板仅用于信号演示(见图 4－17)，它可以检查仪器是否工作正常，但并不能检查仪器的设定是否正确，因此它并不能代替上述功能测试试块。

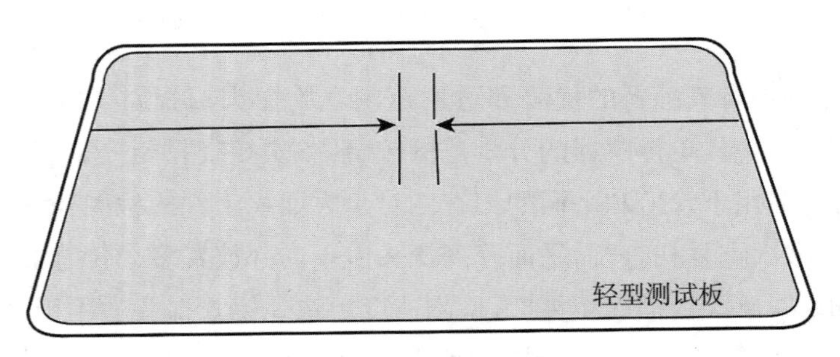

图 4－17 轻型测试板

第5章 ACFM 软件及信号分析

5.1 ACFM 软件系统

ACFM 软件系统一般由数据采集、数据处理、信号显示及结果保存四部分组成(见图 5-1)。

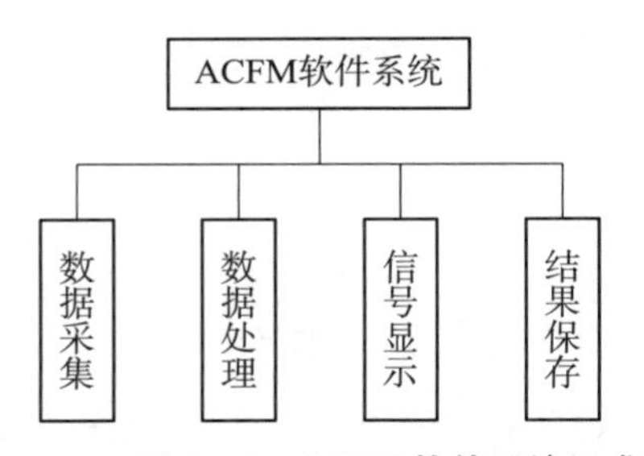

图 5-1 ACFM 软件系统组成

1) 数据采集

数据采集程序主要包括通道配置和采集参数设置。通道配置是选取模数转换硬件采集通道数目,与探头的传感器数量和适用类型相匹配,该参数通常以下拉列表形式作为软件界面探头选择的后台程序。采集参数包括采样率、采样数以及采样模式的设置。

2) 数据处理

数据处理主要为信号滤波处理和信号数学处理。在实际检测中,信号中难免会引入各种噪声,因此一般需要对检测信号进行滤波处理,选择滤波器时要考虑应用的需求,如是否要求线性的相频响应,是否允许纹波存在,是否需要窄的过渡带等。中国石油大学(华东)给出了一种滤波器选择方法,具体步骤如图 5-2 所示,通常实际应用中需要经过多次试验才能确定最合适的滤波器。

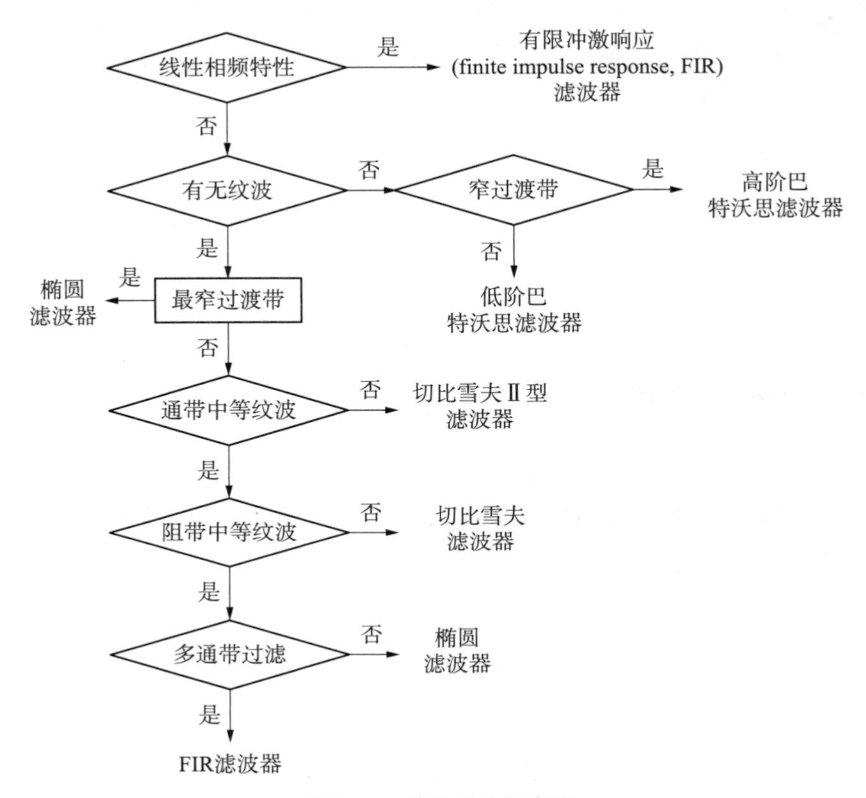

图 5-2 滤波器选择步骤

信号数学处理主要包括对信号数值进行放大及缩小处理、信号数据归一化处理、绝对值处理等常见的数学处理。

3) 信号显示

ACFM 的特征信号为磁感应强度 B_x 与 B_z 信号,对于不同的检测探头形式,软件系统可具备不同的显示方法。图 5-3 给出了一种单探头软件的显示界面,其中包括磁感应强度 B_x 与 B_z 信号曲线以及蝶形图。对于阵列探头,软件应当显示多路 B_x 与 B_z 信号曲线以及 B_x 与 B_z 的三维图像,图 5-4 给出了一种七阵列探头软件的显示界面,结果为七路 B_z 信号曲线显示、七路 B_z 信号三维图像显示及单路 B_z 信号(可选择)曲线显示,B_x 信号与 B_z 信号显示界面相同。

4) 结果保存

结果保存应实现对原始信号数据以及信号显示图像的存储,数据格式应支

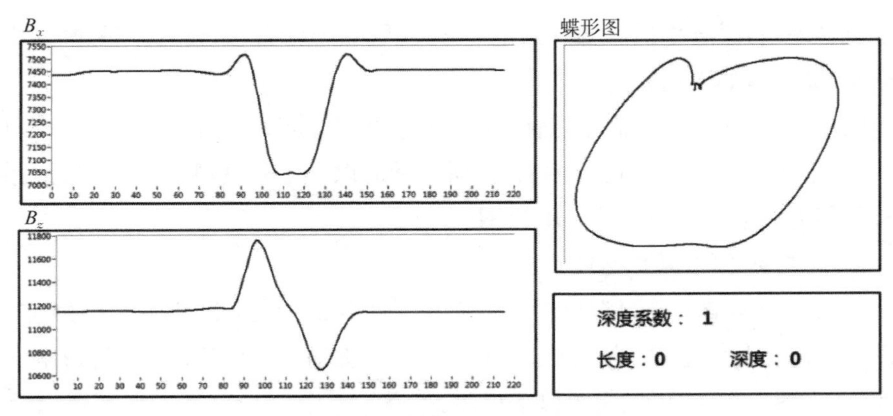

图5-3 单探头软件的显示界面

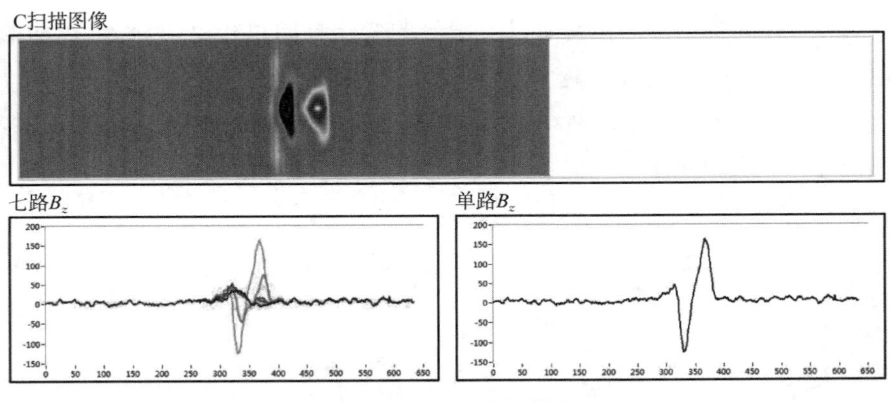

图5-4 阵列探头软件的显示界面

持txt、excel、csv等常见数据文件格式，图像格式应支持png、jpg、bmp等主流图像格式，支持存储位置及名称的修改。

5.2 ACFM信号分析

5.2.1 影响ACFM信号的因素

1）材料对ACFM信号的影响

ACFM检测系统可以检测所有导电材料，对于ACFM检测系统来说，材料的磁导率和电导率对ACFM信号的影响较大。因此，通常可将材料分为三类：

一是电导率高，磁导率低，如铝；二是电导率低，磁导率高，如碳钢；三是电导率和磁导率都较低，如不锈钢。

因为 ACFM 的检测信号为感应电流诱发的二次感应磁场，因此电导率对于 ACFM 信号的影响较大，磁导率次之，所以针对以上三种材料，ACFM 检测系统的检测能力一般为铝＞碳钢＞不锈钢。

2) 提离对 ACFM 信号的影响

提离扰动本质上是探头与试块表面相对距离的变化，中国石油大学(华东)借助数值仿真与实验结合的方法，研究了提离扰动对 ACFM 信号的影响。从图 5－5 与图 5－6 中可以看出以下规律。

(1) 提离扰动对于 B_x 信号的影响较大，而对于 B_z 信号影响较小。

(2) 当提离扰动方向相反时，B_x 信号的变化方向也相反，且提离扰动的高度越大，B_x 干扰信号的变化越大。

(3) 探头向上提离扰动时，蝶形图向右产生明显水平波动；向下扰动时，蝶形图向左产生明显水平波动。

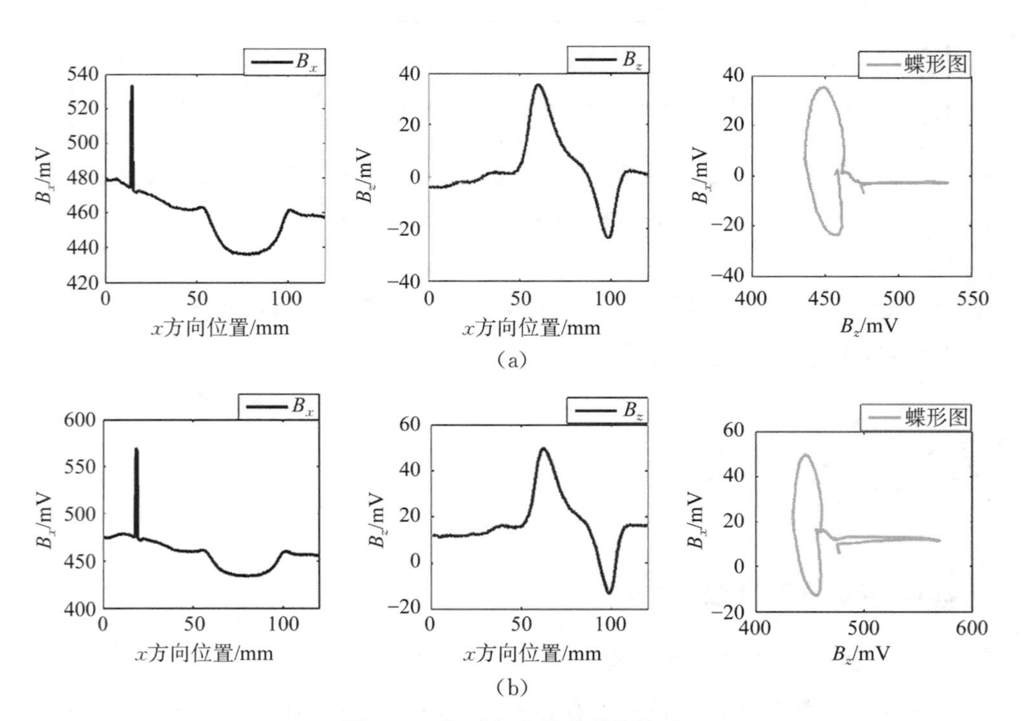

图 5－5　探头向上扰动特征信号

(a)扰动 1 mm；(b)扰动 2 mm

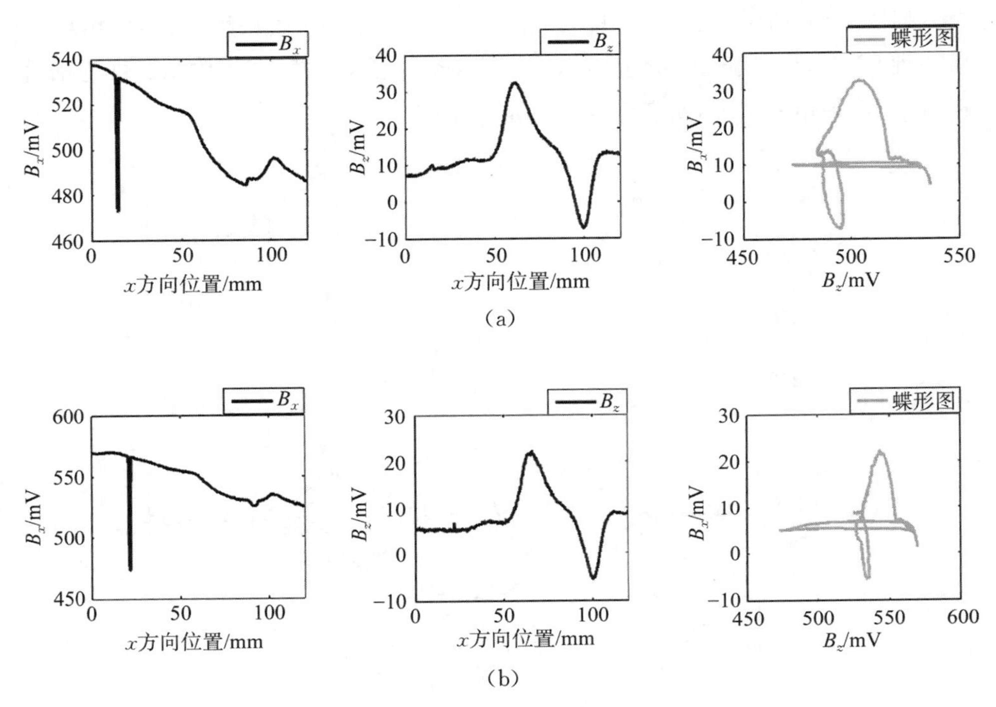

图 5－6　探头向下扰动特征信号

(a)扰动 1 mm；(b)扰动 2 mm

3）裂纹走向对 ACFM 信号的影响

ACFM 原理中，当裂纹的走向与探头的扫查方向平行时，ACFM 检测系统的检测灵敏度最高，但在实际检测中，裂纹的走向未知，因此对于不同走向的裂纹，ACFM 的信号应具有不同的响应。葛玖浩等研究了探头扫查方向与裂纹成不同角度时 ACFM 信号的响应(见图 5－7)。

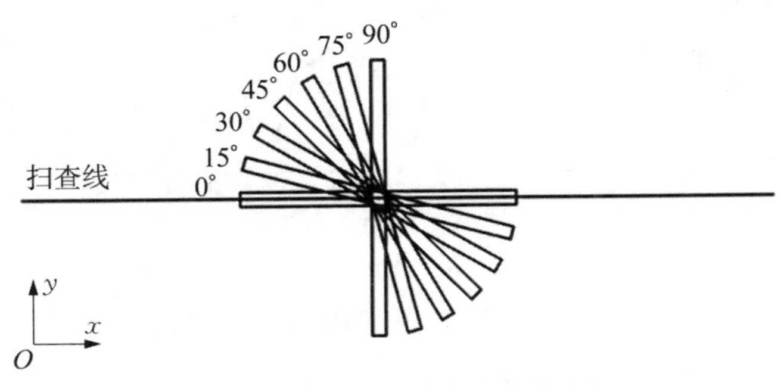

图 5－7　探头扫查方向与裂纹夹角

如图 5－8 所示，当检测试件为钢材料时，扫查方向与裂缝方向的夹角从 0°增加到 90°时，B_x 信号最大值的整体趋势为逐渐增大。然而，当检测试件为铝材料时，随着夹角的增大，所有的信号都是减小的。

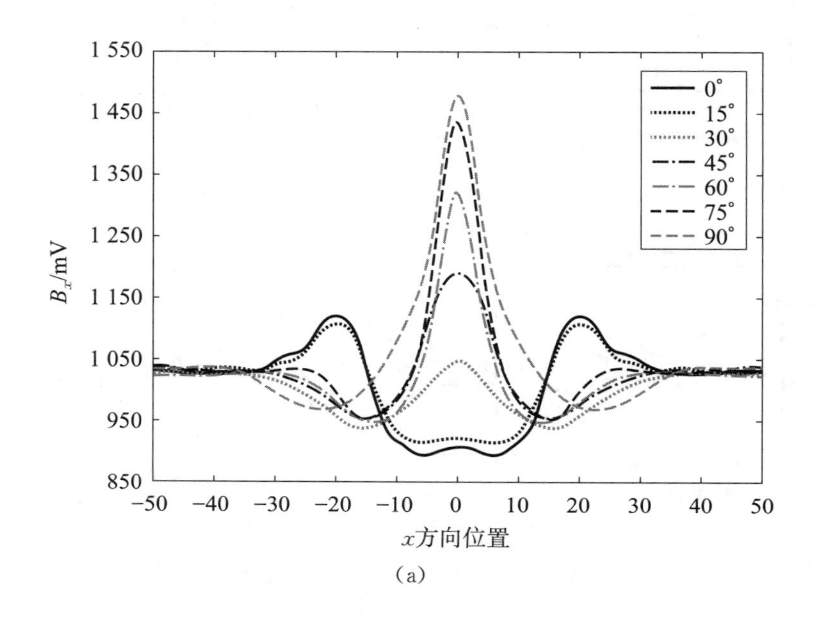

(a)

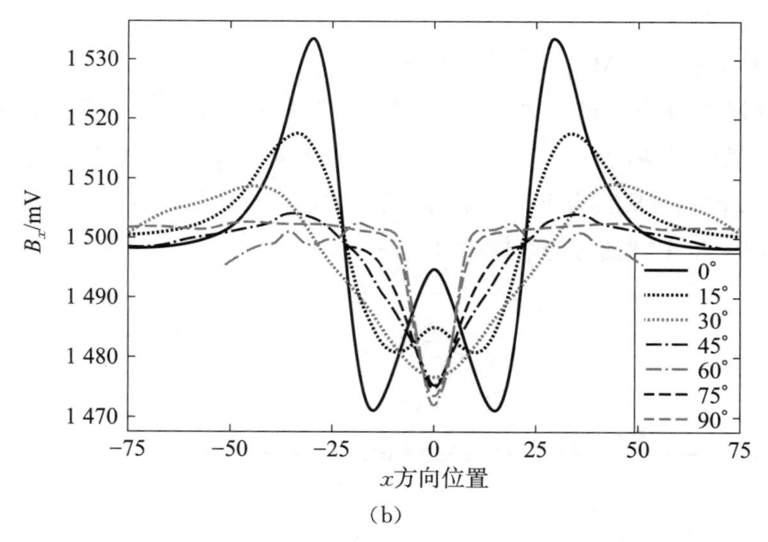

(b)

图 5－8 B_x 响应信号

(a)钢；(b)铝

5.2.2　缺陷判定方法

ACFM 信号的判定通常根据特征信号 B_x 与 B_z 信号及蝶形图，常规的蝶形图判别方法包括直接判别方法和面积评估判别方法，但通常在实际检测中，由于干扰因素的存在，ACFM 的特征信号会受到干扰，对缺陷的判定会产生影响，进而造成漏判。为此，相关研究人员在传统的缺陷直接判别方法的基础上，考虑缺陷存在时引起的磁场信号相位信息的变化，加入相位差缺陷判据。设定相位差阈值为 T，以原始信号作为参考信号，进行相关检测得到当前磁场信号的相位 ϕ，对比 ϕ 和 T 的大小。相关检测的引入过滤掉了探头抖动噪声对于缺陷判别的影响，能够有效地避免因噪声引起的误判。

针对微小缺陷特征信号在复杂干扰噪声情况下呈现不完整状态，特征信号组成的蝶形图也呈现不规则状态的判定难题，有研究人员以碳钢焊缝区域微小裂纹缺陷为研究对象，提出基于特征信号 B_z 频谱自适应滤波判定算法，实现复杂干扰噪声下微小缺陷的高灵敏度判定。

试件是厚度为 4 mm 的碳钢对焊薄板，焊缝宽度为 10 mm，焊缝余高 2 mm，焊波凹凸最大变化高度为 1 mm。采用电火花技术在焊缝上方加工 5 条裂纹（见图 5－9），所有裂纹均为贯穿裂纹，裂纹宽度为 0.2 mm，裂纹尺寸如表 5－1 所示。

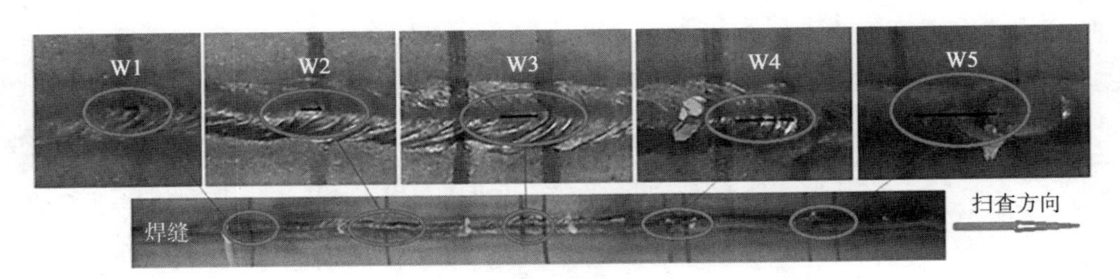

图 5－9　碳钢焊缝缺陷试块

表 5－1　裂纹尺寸大小

裂纹	W1	W2	W3	W4	W5
长度/mm	1	2	4	6	8

利用单探头对上述缺陷进行检测，可以看出，特征信号 B_x 较为杂乱，难以有效识别缺陷信号，B_z 在长度为 6 mm 和 8 mm 的裂纹位置呈现明显规律信号，

在长度为 1 mm、2 mm 和 4 mm 的裂纹位置信号特征较差。利用特征信号 B_z 频谱自适应滤波判定算法对图 5-10 中特征信号 B_z 进行处理，得到焊缝表面微小裂纹判定信号，特征信号的信噪比显著增强，如图 5-11 所示。

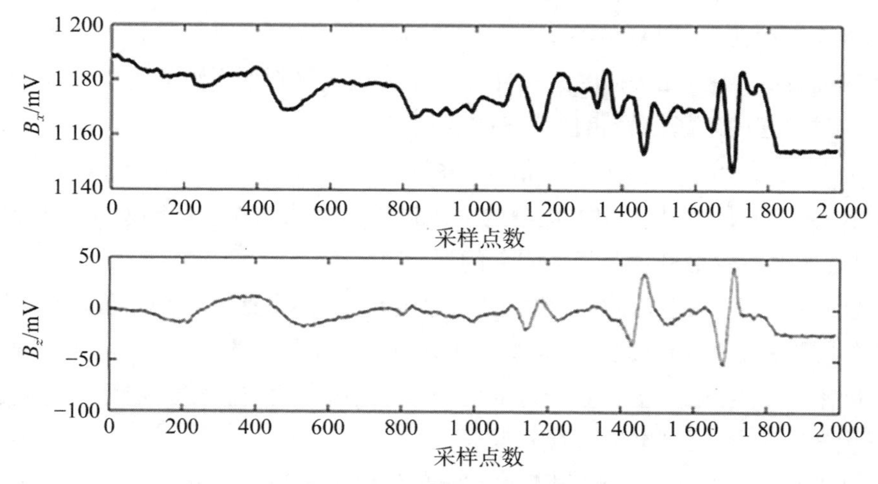

图 5-10 单探头检测结果

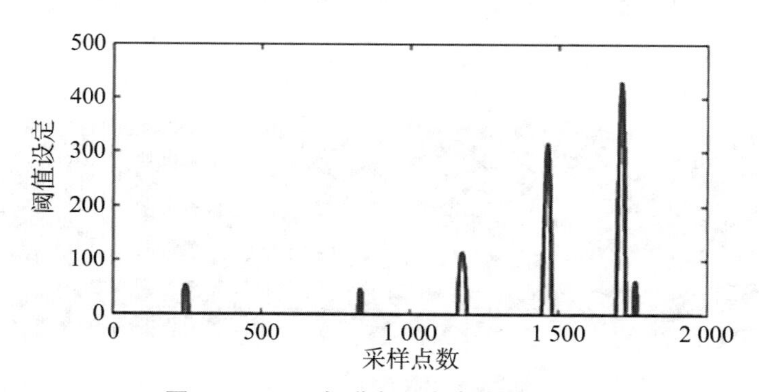

图 5-11 B_z 频谱自适应滤波判定结果

第 6 章　ACFM 焊缝检测

6.1　ACFM 焊缝检测的影响因素

ACFM 焊缝检测受到材料特性、磁性状态、残余应力、对接焊缝、铁磁体和导体、相邻焊缝、焊缝的几何形状、裂纹的几何形状、仪器仪表及涂层厚度等因素的影响。

6.1.1　材料特性

虽然在焊缝金属、热影响区和焊接母材中的磁导率存在差异，但是探头通常沿焊缝焊趾扫查，所以扫查线上的磁导率是相对不变的。如果探头跨越焊缝进行扫查，则产生的磁导率变化会有不连续的显示。横向不连续信号和焊缝信号可以通过进一步平行扫查或用阵列探头检测来区分，不连续的信号会很快消失（见图 6－1）。如果探头距离焊缝 25 mm 时的显示振幅没有大的变化，那么显示

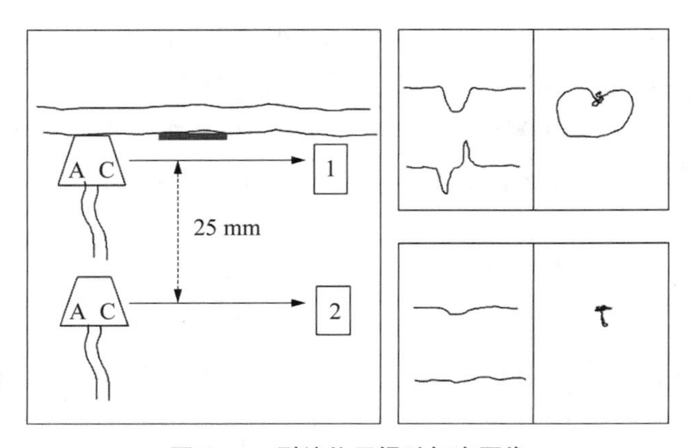

图 6－1　裂纹位于焊趾扫查图像

很可能是由焊缝磁导率的变化引起的(见图 6－2)。

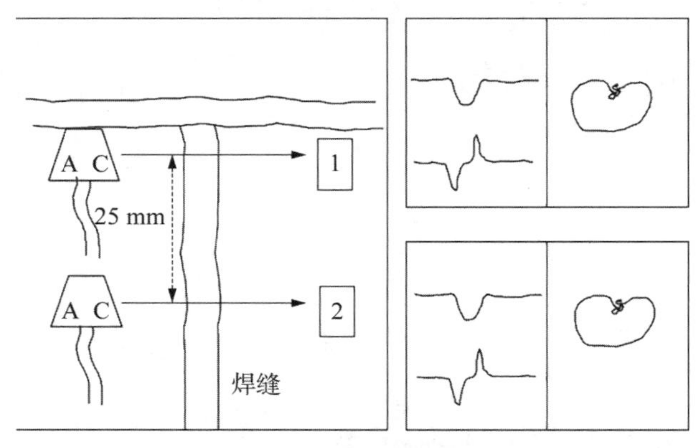

图 6－2 通过焊缝扫查图像

6.1.2 磁性状态

1) 退磁

必须保证被检测工件表面处于无磁性状态,在任何前期的磁技术探伤之后都必须进行表面的退磁。这是因为有残余磁性的区域,特别是磁粉探伤磁轭触头接触的地方能够在 $x-y$ 图像上产生磁回路,从而在有些时候混淆真正缺陷的显示。

2) 打磨痕迹

磁导率会受到表面处理(如打磨)的影响,这会引起扫查路径上局部区域磁导率的变化。探头操作者应报告所有打磨痕迹区域的范围和深度,因为其可以产生很强的 B_x 和 B_z 显示,可能与不连续显示结果相混淆。如果在打磨区域出现疑似不连续,则应在远离焊趾的地方进行平行扫查,线性不连续的显示会很快消失,所以远离焊趾的扫查图像会比较平坦。如果在距离焊缝 25 mm 处扫查显示的振幅无明显变化,那么该显示很可能是受打磨的影响。打磨区域垂直扫查的显示相同。

6.1.3 残余应力

与磁导率变化同时出现的残余应力会产生与打磨类似的显示,但要小很多。

6.1.4　对接焊缝

扫查路线上的对接焊缝也能产生很强的 B_x 和 B_z 显示，有时会与不连续显示相混淆。

与打磨区检测程序一样，远离影响区进一步扫查，如果显示仍不变，则肯定不是线性不连续产生的。

6.1.5　铁磁体和导体

当焊缝附近的铁磁体或者导体接触焊缝时，可能会引起检测灵敏度和缺陷特征精确度降低的问题。

6.1.6　相邻焊缝

在焊缝相互交叉区域，可能会错误地产生不连续显示，其处理方法与对接焊缝相似（见 6.1.4 节）。

6.1.7　焊缝的几何形状

当探头在两个夹角较小的表面间扫查时，B_x 值增加，而 B_z 值变化则很小，蝴蝶图体现为一条上升的曲线（见图 6－3）。如果仪器能够测量探头提离值，其数值也会变化。

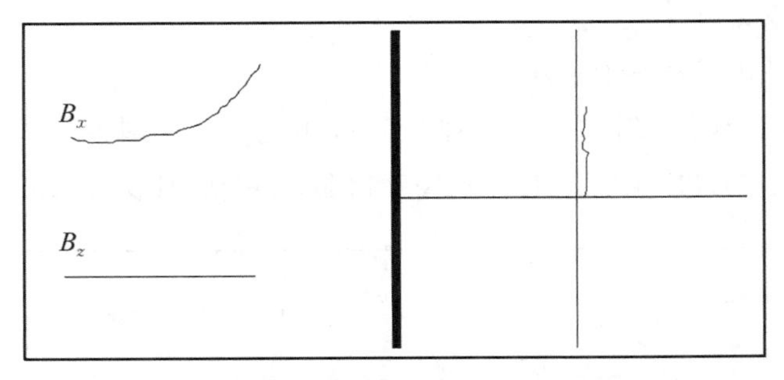

图 6－3　两个夹角较小的表面间扫查图像

6.1.8　裂纹的几何形状

1）与扫查方向有一定角度的缺陷

与扫查方向有一定角度的缺陷会减弱 B_z 波峰和波谷的值，因为感应探头仅穿过不连续一端的边缘，这会导致出现一个不对称的 $x-y$ 图（见图 6-4）。可以沿着焊缝或者母材进行附加的扫查以确定不连续另一端的位置。

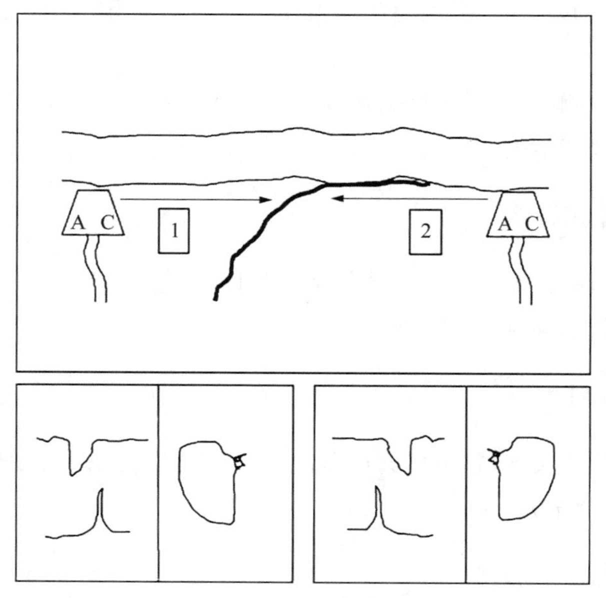

图 6-4　与扫查方向有一定角度的缺陷扫查图像

2）与表面有一定角度的缺陷

在非垂直于探头方向上，不连续通常会减弱 B_z 的信号，B_x 信号不会减弱，$x-y$ 图的宽度会减小。

3）线性接触或者多个不连续

当缺陷存在线性接触时，将会在缺陷产生的 $x-y$ 图主环内出现小环（见图 6-5）。如果扫查过程中不止有一个不连续，那么将会出现多个环，最后回到背景值。

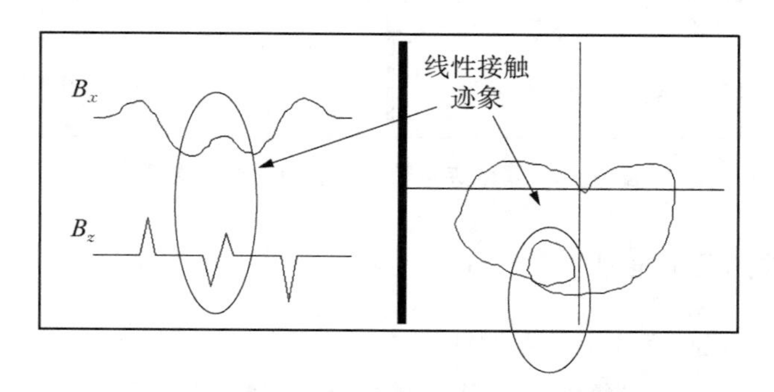

图 6-5　线性接触或者多个不连续扫查图像

4）横向不连续

如果进行纵向不连续扫查时存在横向不连续，B_x 值不是下降而是上升，B_z 仍与纵向浅裂纹显示的一样，$x-y$ 图上升而不是下降（见图 6-6）。然而，这种漏磁效应与不连续的开口有关，所以可能发现不了闭合的不连续。为了证实横向不连续的存在，应当用感生场垂直于焊缝的探头方向或者使用双场的阵列探头进一步扫查。

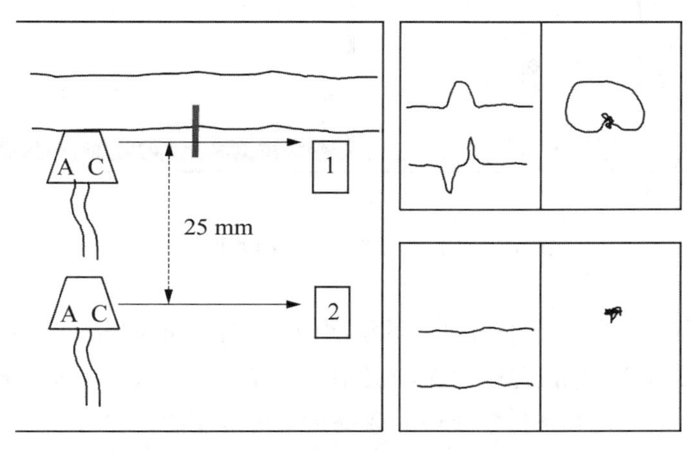

图 6-6 横向不连续扫查图像

5）交流电磁场检测末端效应

标准的焊接探头产生的磁场可以在焊缝的末端扩散，它能引起 B_x 和 B_z 轨迹产生坡度变化（见图 6-7）。如果不连续或者任何有效的探头元件接近焊缝末端，那么不连续的显示可能会模糊或者失真。末端效应发生的距离与探头类型有关，大探头可以达到 50 mm。在这种情况下应该使用小探头，因为小探头受边缘效应的影响较小。

6.1.9 仪器仪表

1）噪声

操作员使用不同仪器时，应了解噪声指示、饱和指示或者信号失真。特别应注意以下方面。

（1）在保持可接受的噪声水平的情况下，选择适当的操作频率以获得最大不连续检测灵敏度。

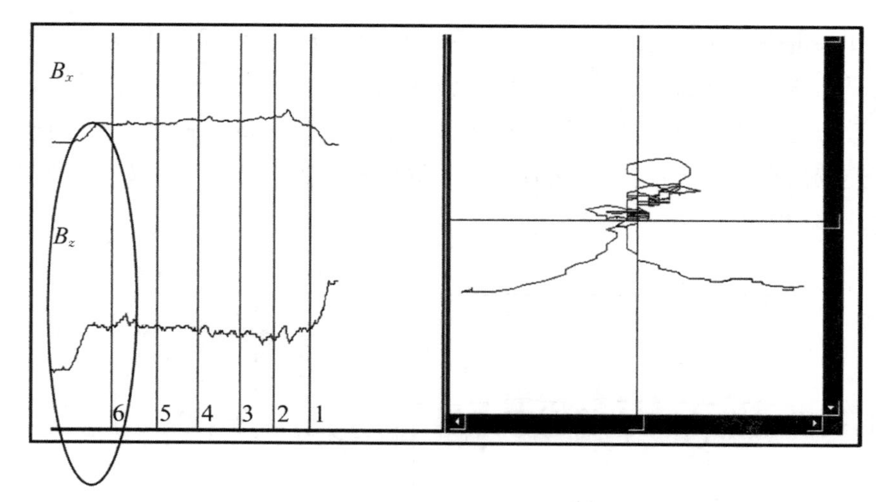

图 6－7 末端(边缘)效应(椭圆形区域)

(2) 电子元件饱和是交流电磁场检测中一个潜在的问题,因为探头扫查窄角几何结构时,信号幅度迅速增加,这会使 B_x 显示超出仪器内模数转换器范围的极值。因此,在饱和条件下获得的数据是不可接受的。在可能的最大信号值的时候,蝶形图中 B_x 响应呈现压扁。如果发现饱和情况,应减小设备的增益,直至反复检测 B_x 值都不再出现饱和。调整设备增益后,除了环的大小变得更小以外,建议进行设备功能检查。应当注意增益的调整不能影响确定缺陷尺寸的能力。

2) 仪器导致的相位偏移

磁场的检测是在一个选定的相位下进行的,所以不同于涡流检测,它不需要专门考虑相位角。相位已经在制造探头时设定并且存储于探头文件中,由仪器自动配置。

6.1.10 涂层厚度

如果涂层厚度超出了不需补偿操作的规定范围,那么不连续尺寸估算必须补偿该涂层厚度。这一过程可通过手动输入涂层厚度,并利用系统软件中的缺陷表格来完成。因此,输入错误的涂层厚度值会降低缺陷深度测量的准确性。另一方面,如果设备能在扫查过程中测量提离距离或者涂层厚度,涂层厚度补偿可自动实现。

6.2 ACFM 试块选用要求

6.2.1 标准试块上的人工沟槽

(1) 标准试块上有特定的人工不连续，用来确认仪器和探头联合起来使用时功能是否正常，也可以用来标定仪器用于非磁性材料。除非客户或者制造商另有说明，标准试块上的人工缺陷通常是椭圆或者长方形的沟槽。沟槽的几何形状由设备制造商根据裂纹测量估算模型来确定。典型的沟槽尺寸规格如下。

① 椭圆沟槽：两个置于焊缝焊趾处的椭圆沟槽，尺寸为 50 mm × 5 mm 和 20 mm × 2 mm(见图 6-8 中的不连续区域 A 和 B)。

② 长方形沟槽：三个长方形沟槽尺寸分别为深 2 mm、长 10 mm(见图 6-9 中的不连续区域 C)，深 2 mm、长 20 mm(见图 6-9 中的不连续区域 D)，以及深 4 mm、长 40 mm(见图 6-9 中的不连续区域 E)。

(2) 这些沟槽宽度应小于 0.2 mm。

(3) 人工缺陷的深度是不连续上的最深点。缺陷深度应精确到规定值、测量值和记录值的±10%以内。不连续长度应精确到规定尺寸的±1.00 mm 以内。

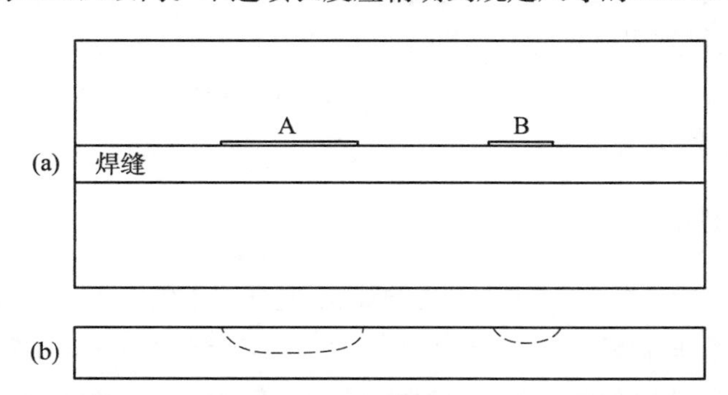

图 6-8 标准试块上的人工沟槽尺寸和位置(未按比例)

(a)俯视图；(b)侧视图

6.2.2 碳钢材料

当该技术用于检测碳钢焊缝或者已知待检测材料的设置数据时，含有的人工缺陷或者模拟缺陷标准试块不需要标准化。

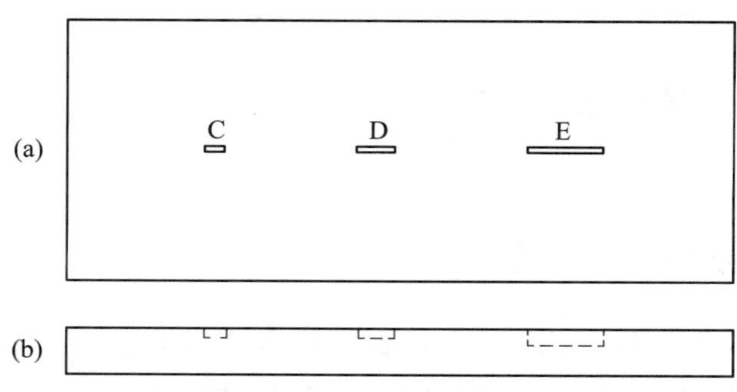

图 6-9　标准试块上的人工沟槽尺寸和位置(未按比例)

(a)俯视图;(b)侧视图

6.2.3　碳钢以外材料

如果该技术用于碳钢以外的材料,且得不到设备制造商的配置数据时,则有必要按照说明书在该材料上对探头进行标准化。如果没有这么做,那么显示可能会过小(则小的不连续可能会被遗漏)或者过大(则可能会出现假显示),或 B_x 值饱和使检测结果无效。可使用一个具有代表性的位于焊缝焊趾处、尺寸合适的沟槽完成这项标准化。根据仪器的类型自动或者手动修改增益设置,直至在 $x-y$ 图上生成一个合适尺寸的环,且背景噪声读数保持在低水平。当该技术用于确定未知设置数据材料的不连续深度尺寸时,标准试块应该使用该种材料加工,并且至少有两个不同深度的沟槽。这样就能为修改估算深度的计算模型提供一个可调整系数。

6.2.4　相似性确定

标准试块含有的人工不连续或者模拟不连续用于碳钢以外的焊缝时不能用于缺陷定性,除非探测到的不连续信号与人工不连续的表现非常相似。为确定相似性,应对模拟不连续和真实的裂纹进行直接对比。这种对比应包含至少一个极限尺寸测量试验或者检测概率研究。

6.2.5　标准试块的加工和注意事项

1) 图纸

每个标准试块和标准件都应有图纸,包括制作的狭槽尺寸、材料类型和等级以及实际标准试块或焊接标准的序列号。

2）序列号

每个标准试块都应有唯一的序列号，并备案，以便在需要时获得并参考使用。

3）槽间距

槽宜纵向布置，以避免出现显示重叠和受边缘效应影响的现象。

4）机械加工方法

应用适当的机械加工方法以避免出现过度的冷加工、热加工和过度应力以及磁导率变化的现象。

5）机械损伤

试块在存储和运输过程中应防止受到机械损伤。

6.3 ACFM 设备性能测试

6.3.1 ACFM 仪器设置

1）操作频率

典型的频率范围是 5～50 kHz。在表面条件良好的情况下，较高的操作频率能够获得较高的灵敏度。如果检测系统不能在该标准描述的频率下操作，那么检测者应告知客户可能会出现灵敏度降低的情况。可以使用适当的标准试块来验证频率选择的合理性。

2）标准化

检测非磁性材料又无法获得设置数据时，仪器可能需要标准化。

标准化通过加载厂方提供的设置数据、开展标准化测量、保存结果数据以及仪器设置等步骤实现。标准化测量通过使用合适的标准试块实现。将探头放置在焊缝焊趾处，探头的前端平行于焊缝的纵向方向，探头扫查标准试块并通过仪器制造厂家规定的参考沟槽。扫查沟槽得到的信号会被拾取，根据测量信号和不连续参照信号手动或者自动调整增益。必须保证参考沟槽和参考信号的不连续情况相同。该信息会被存储成用户设置数据。

6.3.2 ACFM 检测系统检查

1）检测系统组成

检测系统应该由交流电磁场检测仪器、计算机、探头和标准试块组成。

2）试块测试

仪器性能测试通过使用合适的标准试块实现。将探头放置在焊缝焊趾处，探头的前端平行于焊缝的纵向，探头扫过标准试块和适当的参考沟槽上方。当同时出现以下情况时将产生不连续显示：

（1）B_x 背景水平值减弱，然后回归到正常背景水平（见图 6－10）。

（2）B_z 值先出现波峰或正读数，紧随其后的是波谷或者负读数（或波峰在波谷之后，取决于扫查的方向）。

（3）B_x 和 B_z 的变化将会在 $x-y$ 图上出现一个圆环，如图 6－1 中向下的圆环。

当上述三个显示都出现时，即 B_x 和 B_z 值的变化以及 $x-y$ 图中的圆环，即可判定存在不连续区域。该圆环在 $x-y$ 图上大约会占据 B_x 方向的 50%和 B_z 方向的 1.75 倍（即圆环会比 B_z 方向上显示的大）。根据待检测焊缝的长度和复杂状况，扫查速度或者数据采集速率在必要时可以调整。

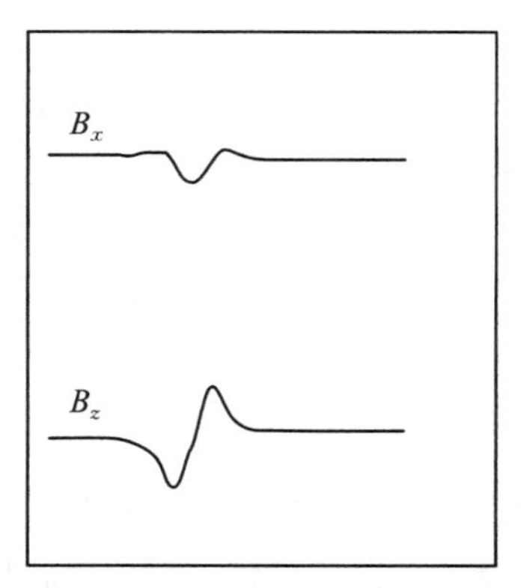

图 6－10　探头扫过裂纹时 B_x 和 B_z 曲线的图样
（曲线的方向有可能因仪器而不同）

当出现以下三种情况时，需做如下处理：

（1）一旦通过 B_x 和 B_z 的显示确定存在不连续，就应该对不连续进行尺寸测量。

（2）不连续尺寸的测量是通过检测软件和使用预期反馈对照不连续尺寸查找表格实现。这些表格基于数学模型，该模型模拟电流流过不连续区域周围，不连续区域的表面磁场发生变化。操作者在显示数据上放置光标，或者输入 B_x 的背景值与最小值、B_z 长度以及所有的涂层厚度，以便软件计算不连续区域的长度和深度。

(3) 如果不连续区域的定量数值与从标准试块得到的预期值存在差异，那么应该检查仪器和探头的设置。每个探头都应有一个专门的文件，其有效性应该与不连续尺寸的测量表校核过。仪器的设置可以使用软件包来校核。

3) 探头测试

在检测中用到的每个 ACFM 组成单元和探头都应利用标准试块进行校核。系统获得的不连续尺寸结果应该与试块上沟槽的尺寸一样。如果偏差在10%以上，则应检查是否使用了正确的探头文件和增益。如果已经使用了正确的探头文件和增益，那么应该是系统出现了错误，应想办法确定该错误。只有确定沟槽尺寸的估算值与测量值相差在规定的范围内，才可进行检测作业。

6.4　ACFM 焊缝检测程序

6.4.1　检测时机

检测时机应满足相关法规、规范、标准和设计文件的要求，同时还应满足合同上商定的其他技术要求。除非另有规定，检测应在焊接制造完工后进行，对有延迟裂纹倾向的材料(例如高强度钢)，至少应在焊接完成 24 小时后进行。

6.4.2　焊缝表面清理

检测前，被检表面及其邻近 25 mm 范围内应当没有污垢、海生物、锈皮、焊剂、油类、磁性覆盖或其他影响检测的外来物。如果有必要，应清理焊缝表面，去除障碍物和重磁体或导体碎片。

6.4.3　探头选择

(1) 探头的选择应该与即将开展的检测类型相匹配，取决于焊缝的长度、几何形状、可探测到的缺陷尺寸和表面温度。根据被检焊缝的实际情况，为检测任务选择合适的探头，使用安装好的软件选择一个数据文件和一个探头文件。

(2) 探头置于焊缝焊趾，前端平行于焊缝的纵向。

(3) 探头沿着焊缝扫查。当以下 3 种情况发生时，将产生不连续显示：

①B_x 值的背景水平先减弱，然后回归到正常背景水平；②B_z 值先出现波峰或正读数，紧随其后的是波谷或者负读数（或波峰在波谷之后，取决于扫查的方向）；③B_x 和 B_z 的变化将会在 $x-y$ 图上出现一个圆环。

（4）当上述三个显示都出现时，即 B_x 和 B_z 值的变化以及 $x-y$ 图中的圆环，即可判定存在不连续区域。扫查速度或者数据采集速率可以在必要时调整，取决于待测焊缝的长度和复杂程度。

6.4.4 材料差异补偿

为了补偿由于磁导率变化、导电率或所给材料的几何形状引起的小的读数差异，可将数据居中显示。对于大的差异，必须按照制造商的使用说明书调整设备设置，并（或）选用合适的探头设置。

6.4.5 铁磁性导体的补偿

在干扰性铁磁物或导体附近，以下技术可以改进 ACFM 检测结果：①基线或之前检测数据与当前检测数据的对比；②使用特殊线圈结构探头；③选用更高频率或者更低频率的探头，抑制非相关显示；④使用互补的方法或技术。

6.4.6 不连续尺寸的记录

按不连续尺寸测量程序（见 6.5.11 节）的描述来测量和记录所有的不连续尺寸。

6.4.7 灵敏度极限范围记录

通过作为显示缺陷检测能力的标准试块的显示，记录灵敏度极限范围。

6.4.8 读数评估

如适用，则可根据客户的验收标准，利用不连续区域的定性标准评估相关读数。

6.4.9 补充检测

如需要，可使用适当的补充方法或技术检测选定的区域以获得更多的信息，校核相应结果。

6.4.10　报告编制和提交

为客户编制和提交报告。

6.5　ACFM 焊缝检测注意事项

6.5.1　扫查速度

（1）扫查速度的选择是指使用适当的数据采样率时，选择能够保证最短的缺陷不被漏检的探头移动速度。标准的扫查速度为 25 mm/s。显示屏上会产生一个常规的扫查界面。如果要检测短焊缝，那么应该使用较快的数据采样率。如果检测长焊缝而且整条焊缝都需要在屏幕上看到，那么应该使用较慢的数据采样率。焊缝的长度和扫查速度决定数据采样率的选择。引入更快的软件和硬件后，就能够选择相应的数据采集率以产生更快的扫查速度。

（2）以选定的扫查速度，获得并记录标准试块检测数据。

（3）获取并记录待检测焊缝的检测数据。在整个检测过程中尽可能保持探头速度均匀以获得可靠的数据。

6.5.2　扫查宽度

在执行检测前需考虑扫查宽度，扫查宽度由探头的尺寸决定。探头对不连续的检测灵敏度随距离增加而减小。距离是影响扫查次数的因素，焊缝检测时必须保证全覆盖。绝大多数情况下，即使扫查宽度比整个焊道宽度大，焊缝焊趾两侧也都应分开扫查。

6.5.3　连续裂纹

在扫查一道焊缝之前，应该从焊缝以外 50 mm 向焊趾方向扫查（T 方向扫查），确认缺陷是非连续的。在当探头接近焊缝焊趾时，计算机屏幕上出现的缺陷的 B_x 读数会明显下降。如果这种形式的读数出现，应沿焊趾移动一定的距离后再重复该过程。

6.5.4 扫查方向

探头应该总是平行于焊缝焊趾进行扫查，这样可以辨认出焊缝区域纵向的不连续显示（除非确认横向不连续和磨削区域的不连续）。

在此方向上的扫查也可以辨认出横向不连续区域和与焊缝成一定角度的不连续区域。操作者必须熟悉这些类型的显示。

6.5.5 检查频率

（1）在检测第一条焊缝之前，应该检查系统及检测期间所要用到的所有探头。

（2）系统性能和使用的探头应该至少每 4 小时校核一次，或者在检测作业结束后对系统性能和探头进行校核。如果从标准试块获得的缺陷尺寸变化超出规定范围，则该程序应进行重检。

6.5.6 环形焊缝

环形焊缝的扫查方式如图 6－11 所示。为确保不遗漏扫查末端的缺陷，需要重叠扫查。根据不同的工件直径，重叠扫查的量会有所不同。根据管道的外径尺寸，重叠扫查的长度应该为 25～50 mm。在计算长度之前，必须先完成所有的检测。在扫查前应该检查连续缺陷（T 方向扫查）。

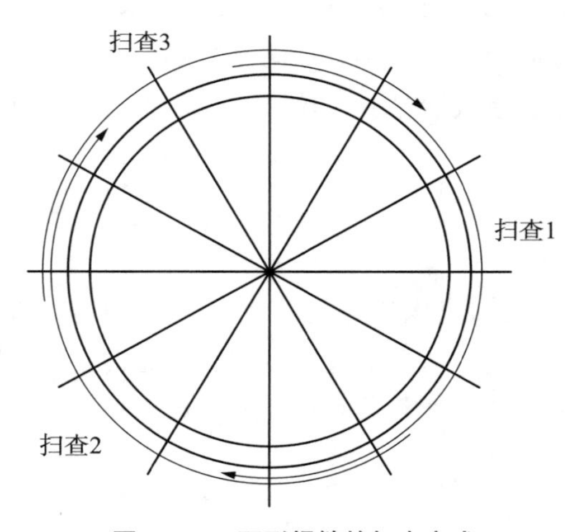

图 6－11　环形焊缝的扫查方式

6.5.7 线性焊缝

除了在焊缝末端或者焊缝止于加强板处会出现边缘效应外，线性焊缝的扫查方式与环形焊缝的扫查方式相似。在焊缝末端应使用边缘效应探头，但是当焊缝止于加强板处时要使用迷你型探头或者微型探头。这些探头也可以用于代替边缘效应探头。定量时，尽可能使用标准焊缝探头。在这种情况下，可借助于其他技术，包括涡流检测技术等。

6.5.8 附件、角落和剪切处

附件焊缝和结合部的扫查方式如图 6－12～图 6－14 所示，线 A1～A6，B1～B3 和 C1、C2 是探头扫查路径，位置 1～位置 10 是沿焊缝长度的增量位置。角落位置不容易扫查，应尽量使用微型探头或迷你型探头。

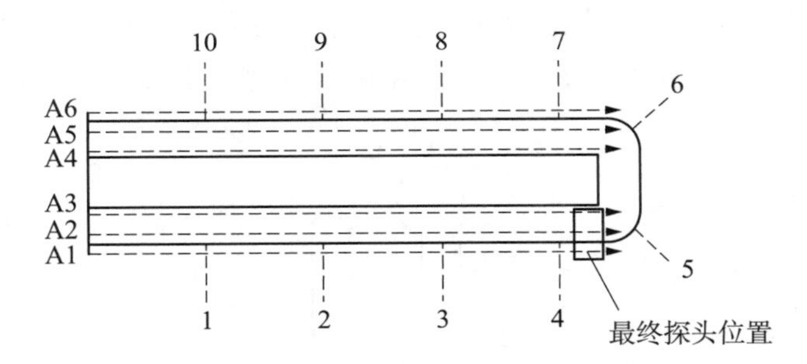

图 6－12 接近连接件处的扫查方式

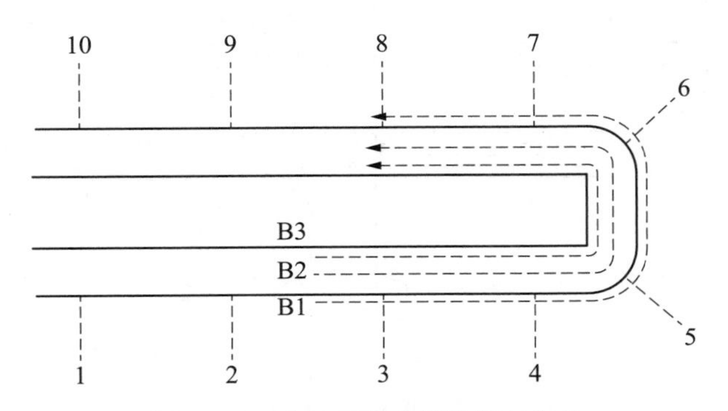

图 6－13 在连接件末端的扫查方式

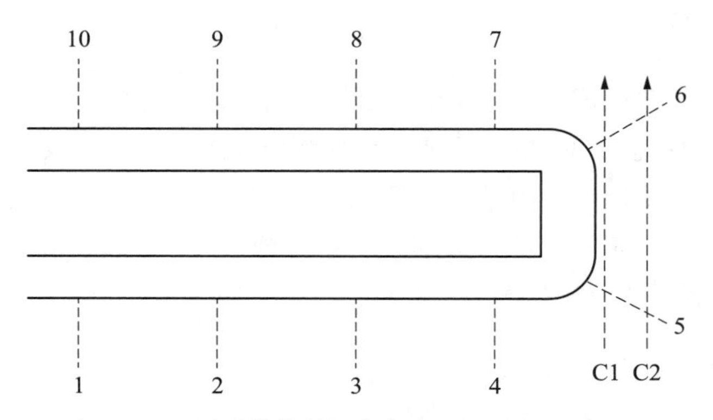

图 6-14 跨连接件的扫查方式(裂纹在焊趾末端)

6.5.9 剪切处和交叉处

由于难以接近,这种几何形状的检测非常困难,扫查方式和区域标识如图 6-15～图 6-18 所示。在检测剪切区域时,必须使用 90°的迷你型探头或微型探头。

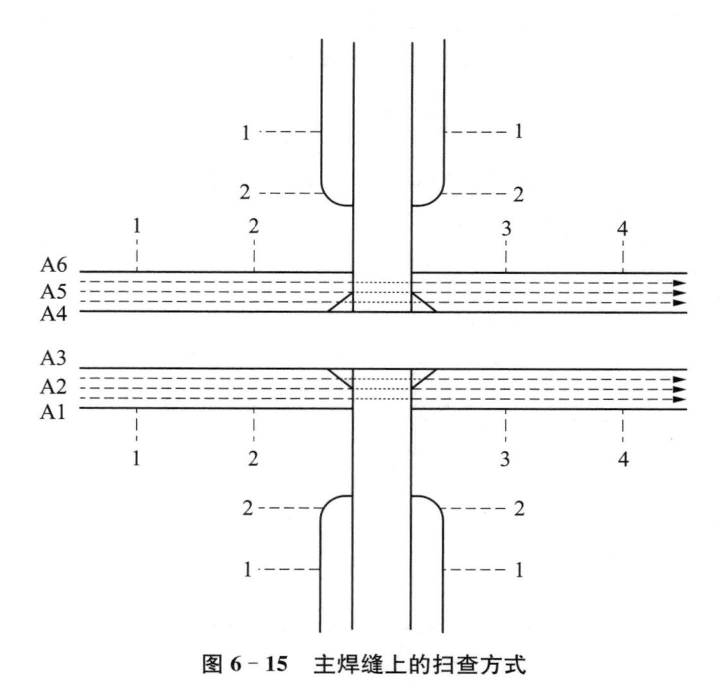

图 6-15 主焊缝上的扫查方式

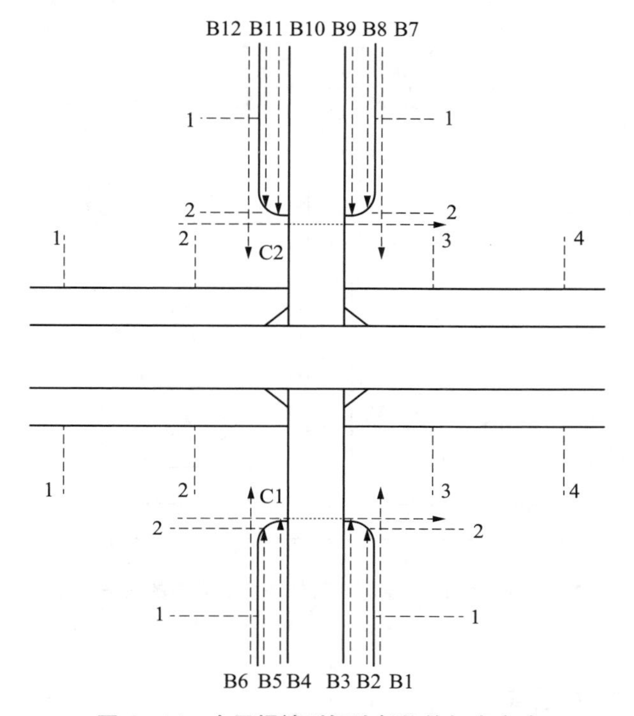

图 6－16　水平焊缝到切除部位的扫查方式

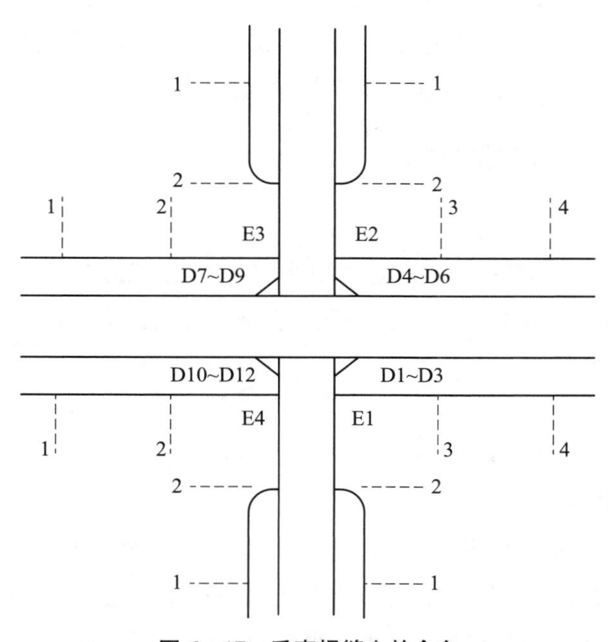

图 6－17　垂直焊缝上的命名

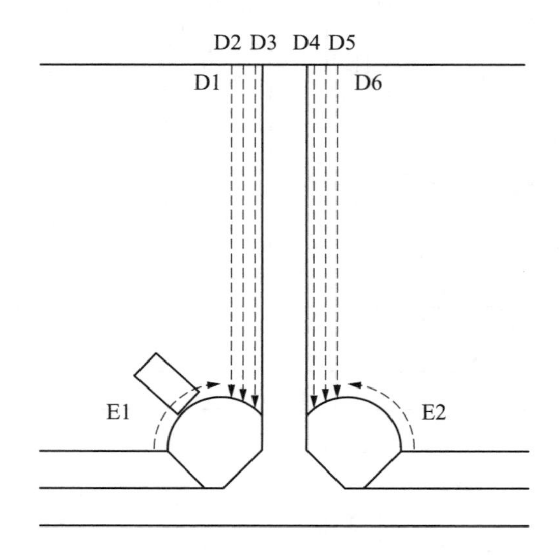

图 6-18 垂直焊缝切除部分和剪切表面的扫查方式

6.5.10 缺陷打磨区域

缺陷打磨区域通常为 12.5 mm(约 0.5 in)宽,用打磨修复探头检测这些区域。探头应该从缺陷打磨区域的一端连续扫查至另一端。应当标记所有不连续区域,并用打磨修复探头测量其长度以及深度。

6.5.11 不连续尺寸测量程序

1) 实现方式

不连续深度和长度的估算是通过测量 B_x 凹槽底部到顶部的距离和 B_z 波峰与波谷之间的距离,加上用户输入的涂层厚度补偿或者用软件的实时厚度补偿功能来实现的。

2) 长度

一旦存在不连续的区域被确定,那么应该在不连续前后各 50 mm(约 2 in)的地方开始对其进行重复扫查。

不连续的 B_z 长度根据 B_z 的波峰、波谷在 $x-y$ 图上的最末端位置确定。一旦这些位置被确定下来,应在焊缝焊趾上进行标记。值得注意的是,这些标记位置应该在不连续的实际端点内侧。测量两点间的距离即 B_z 长度,但并不是不连续的实际长度。该值与不连续的定量表一起使用，以确定不连续的真实长度和深度。不连续的长度可以通过人工适当安置定位器或位置编码器并利用系统软件直接测量。如果定位器是人工安放的，那么扫查速度应保持恒定。

3）深度

不连续的深度是用 B_x 的最小值和背景值以及在 B_z 数据上测得的 B_z 长度计算得出。如果设备不提供探头提离补偿，一旦这些数值和涂层厚度输入不连续定量表，那么不连续深度将使用软件内集成的数学模型计算得出。如果设备提供一个探头提离值，则可以自动确定涂层厚度，并通过仪器软件和不连续定量表确定深度。

6.6　ACFM 焊缝检测报告

6.6.1　报告要求

ACFM 焊缝检测作业应与客户就以下工作范围和要求达成一致，并在服务订单或其他文件中做相关规定。

（1）待检测焊缝部位的位置及类型、设计规范、降级记录、以往无损检测结果、保养维护记录、工艺条件及特殊类型的缺陷。

（2）最大作业窗口。细小缺陷的探测可能需要使用较慢的探头扫查速度，这会对效率有影响。

（3）尺寸、材料等级和类型以及待检测焊缝的结构。

（4）焊缝的编号方式或识别方法。

（5）检测范围。如完全或者部分覆盖检测，应规定检测哪条焊缝和检测长度，是否仅是直焊缝和最小的表面曲率半径。

（6）接近焊缝的方式以及限制进入的区域。

（7）交流电磁场检测设备和探头的类型，所使用标准试块的说明，包括尺寸规格和材料。

（8）所需的操作人员的资质和认证。

（9）所需的焊缝清洁度。

（10）业主应协调的作业环境条件、设备和必要的准备工作，可能妨碍检测作业的常见干扰源。

(11) 可用来获得更多信息补充的方法或者技术。

(12) 用来评价缺陷的验收准则。

(13) 处理检测记录和参考标准。

(14) 检测报告的格式和内容。

如表 6-1 所示,依据 ACFM 焊缝检测工作范围和内容要求,以下列出的项目应包括在检测记录中,并且以下所有信息都应存档。

(1) 被检工件的业主、地点、类型和序列号。

(2) 被检焊缝的尺寸、材料类型、等级以及形状。

(3) 所选设备类型要求、涂层厚度和涂层厚度变化。

(4) 焊缝的编号体系。

(5) 检测范围,如关注的区域、完全或者部分覆盖检测、检测哪条焊缝以及检测长度。

(6) 实施检测的人员姓名和资质。

(7) 交流电磁场检测系统元件型号、类型和序列号,包括所有探头。

(8) 从标准试块收集初始数据时,应使用一个列表,完整列出所有相关仪器设置和使用的参数,如操作频率和探头扫查速度。从列表中应能查到每条被检焊缝的检测设置值。

(9) 所有使用的标准试块的序列号。

(10) 在检测过程中用到的所有技术的简要概述。

(11) 所有不能检测的或者发现灵敏度受限区域的清单。

(12) 尽可能标明影响灵敏度的因素。影响缺陷探测灵敏度的因素包括但不仅限于频率、仪器噪声、仪器滤波、数字化率、探头扫查速度、线圈构造以及探头行进噪声和干扰。

(13) 对每个缺陷的技术和深度测量的详细说明。

(14) 用于评估显示的验收标准。

(15) 合同规定的缺陷清单,包括缺陷区域的涂层厚度(如果设备不能测量并补偿探头提离值)。

(16) 影响解释和评估的补充检测的结果。

6.6.2 数据保存与报告

数据和系统的设置可以用存档的方式记录,以便对每条焊缝的数据和系统设置进行调用。除非业主有特别要求,检测数据将永久保存。

典型的报告格式如表 6－2 所示。

表 6－1　报告要求

交流电磁场检测数据报告单可根据系统和检测要求专门设计。在一个数据单中必不可少的信息包括以下内容：

主要信息
日期 操作者姓名 探头操作员 部件 ID 文件号 使用的仪器设备
扫查数据
文件名 页码 在焊缝上的位置 探头号 探头方向 缺陷指示标志位置 检测概要
读数和异常的详细记录
文件名 页码 在焊缝上的位置 缺陷起点(标记参考) 缺陷终点(标记参考) 缺陷长度(英寸/毫米) 重新标记 曲线图/检测中的部件图

表 6－2　交流电磁场检测报告格式

<table>
<tr><td>日期
时间</td><td>位置</td><td rowspan="3">几何形状草图</td></tr>
<tr><td>操作者</td><td>探头操作员</td></tr>
<tr><td>部件 ID</td><td></td></tr>
</table>

（续表）

缺陷简要概述		
文件名		
探头号码		探头文件

距离数据	扫查方向	焊缝位置	页码	检测报告/备注

第 7 章　ACFM 工作人员资质要求

7.1　通用要求

目前全球范围内比较成熟的 NDT 人员资格鉴定与认证标准依据文件有 ISO 9712、ASNT SNT－TC－1A 及 ASNT CP－189，这些文件对人员认证的整体思路是一致的。ASNT SNT－TC－1A 和 ASNT CP－189 由美国无损检测学会颁布，2006 版本就已经将 ACFM 纳入要求。ISO 9712 的 2012 版本尚未将 ACFM 作为单独的无损检测技术，若以此标准开展人员培训、考核、资格鉴定及认证工作，我们可依据其他类似方法的要求，比如涡流检测。

ACFM 工作一般需要两个角色来完成：一个称为检测员，负责检测工作的指挥和软件的操作；另一个称为探头操作员，该探头操作员可能需要有潜水、攀绳的专业技能。当然，探头操作员的工作可以由机器人来完成。检测员和探头操作员需要随时保持通信。探头操作员一般应至少满足国际通用无损检测人员资格鉴定和认证标准（如 ASNT SNT－TC－1A）要求的 1 级资质，而检测员则需要满足 2 级资质，ACFM 工艺规程（ACFM procedure）的审核以及关键性数据分析则应由 3 级资质人员来完成。

7.2　资格鉴定的等级

1 级持证人员应已证实具有在 2 级或 3 级人员监督下，按 NDT 作业指导书实施 NDT 的能力。在证书所明确的能力范围内，经雇主授权后，1 级人员可按

NDT 作业指导书执行下列任务：

(1) 调整 NDT 设备。

(2) 执行检测。

(3) 记录和分类检测结果。

(4) 报告检测结果。

1 级持证人员不应负责选择检测方法或技术，也不对检测结果做评价。

2 级持证人员应已证实具有按已制定的工艺规程执行 NDT 的能力。在证书所明确的能力范围内，经雇主授权后，2 级人员可

(1) 选择所用检测方法的 NDT 技术。

(2) 限定检测方法的应用范围。

(3) 根据实际工作条件，把 NDT 规范、标准、技术条件和工艺规程转化为 NDT 作业指导书。

(4) 调整和验证设备设置。

(5) 执行和监督检测。

(6) 按适用的规范、标准、技术条件或工艺规程解释和评价检测结果。

(7) 实施和监督属于 2 级或低于 2 级的全部工作。

(8) 为 2 级或低于 2 级的检测人员提供指导。

(9) 报告无损检测结果。

3 级持证人员应已证实具有其认证内容执行和指挥 NDT 操作的能力。在证书所明确的能力范围内，经雇主授权后，3 级人员可

(1) 解释规范、标准、技术条件和工艺规程。

(2) 在选择 NDT 方法、确定 NDT 技术以及协助制定验收准则(在没有现成可用的情况)时，具有所需的有关原材料、制成品和加工工艺等方面的丰富实际知识。

(3) 熟悉其他无损检测方法。

在证书定义的能力范围内，3 级人员应

(1) 对检测设施或考试中心和员工负全部责任。

(2) 制定、编辑和审核工艺的正确性，确认无损检测的说明和程序文件。

(3) 解释标准、规程、规定和程序文件。

(4) 确定所采用的特定的检测方法、工艺规程和 NDT 作业指导书。

(5) 实施和监督各个等级的全部工作。

(6) 为各个等级的 NDT 人员提供指导。

7.3　人员资格鉴定基本条件

报考人在资格鉴定前应先达到视力和培训的最低要求，在认证前应先达到工业经历的最低要求。

报考人应按认证机构所接受的格式，提供有关按认证机构要求已圆满完成所申请认证方法和等级培训的书面证明。

ASNT SNT－TC－1A 对 ACFM 报考的基本要求如下(见表 7－1)：

(1) 初次报考 1 级资质，需满足持有至少 ACFM 现场操作 210 h 的工作经验证明，同时需要获得 40 课时的正式培训。

(2) 报考 2 级资质，需要在持有 1 级 ACFM 证书的情况下获得现场操作 630 h 的工作经验证明，同时需要获得 40 课时的正式培训。

(3) 一般建议先获得 1 级资质，满足条件后再申报 2 级资质。

(4) 3 级报考人员，一般要求持有 2 级资质并获得此资质下至少 18 个月的相关工作经验证明，对于其学习途径，根据其科学和技术背景，以不同的方式完成资格认证准备，包括参加另外的培训课程，出席会议和研讨会，研究书籍、期刊和其他印刷版或电子版的专业文章。

(5) 由于 ACFM 属于电磁技术，需要有一定的电磁物理基础和数学基础，因此某些权威人员认证标准依据文件对报考者的学历和专业提出了一定的要求。

表 7－1　ACFM 报考基本要求

<table>
<tr><th rowspan="2">检验方法</th><th rowspan="2">NDT 等级</th><th rowspan="2">技术</th><th rowspan="2">培训小时数</th><th colspan="2">经历</th></tr>
<tr><th>该方法最低小时数</th><th>从事 NDT 的总小时数</th></tr>
<tr><td rowspan="2">声发射</td><td>1</td><td rowspan="2">—</td><td>40</td><td>210</td><td>400</td></tr>
<tr><td>2</td><td>40</td><td>630</td><td>1 200</td></tr>
<tr><td rowspan="6">电磁</td><td>1</td><td rowspan="2">交流电磁场</td><td>40</td><td>210</td><td>400</td></tr>
<tr><td>2</td><td>40</td><td>630</td><td>1 200</td></tr>
<tr><td>1</td><td rowspan="2">涡流</td><td>40</td><td>210</td><td>400</td></tr>
<tr><td>2</td><td>40</td><td>630</td><td>1 200</td></tr>
<tr><td>1</td><td rowspan="2">远场</td><td>40</td><td>210</td><td>400</td></tr>
<tr><td>2</td><td>40</td><td>630</td><td>1 200</td></tr>
</table>

各等级的视力要求如下：

(1) 无论是否经过矫正，在不小于 30 cm 距离处，一只眼睛或两只眼睛的近视力应能读出 Jaeger 数字 1，Times New Roman N 4.5(高度为 1.6 mm)或同等大小的字母。

(2) 报考人的色觉应能足以辨别雇主规定的 NDT 相关方法所涉及的颜色间的对比。

认证机构可以考虑按照其他合适的要求来更换(1)的要求，认证后雇主需要每年对报考人进行一次近视力检查。

7.4 资格鉴定考试

资格鉴定考试应包括将一个给定的 NDT 方法应用于一个工业门类，或一个或多个产品门类。认证机构应规定和告知报考人完成每一项考试可用的最大时间量，时间量的大小应视试题的数量和难易程度而定。

1) 1 级和 2 级考试的内容与评分

1 级和 2 级人员的综合分数应由下述通用考试、专业考试和实际考试的简单平均结果来决定。ASNT SNT - TC - 1A 要求资格鉴定考试综合分数至少为 80 分且单门考试至少为 70 分才能通过。

(1) 通用考试(书面，1 级和 2 级人员)。通用考试应考核适用检测方法的基本原理。试题最低量如表 7 - 2 所示。

表 7 - 2　1 级和 2 级资格鉴定通用考试试题最低量

检测方法	问题个数	
	1 级	2 级
ACFM	40	40

(2) 专业考试(书面，1 级和 2 级人员)。专业考试应考核申请者在专门方法操作期间可能遇到的设备、操作规范和无损检测技术，专业考试也应涵盖工艺或规范以及公司无损检测程序中所使用的验收标准。试题最低量如表 7 - 3 所示。

表7-3　1级和2级资格鉴定专业考试试题最低量

检测方法	问题个数	
	1级	2级
ACFM	20	20

（3）实际考试（1级和2级人员）。申请者应证明熟悉和有能力操作必需的NDT设备、记录和分析结果达到所要求的程度。至少应检测带有一个缺陷的试样或部件，并由申请者分析检测结果。试样的描述、无损检测程序以及考核点和考试结果均应形成文件。

应在考试机构批准的一个或多个试样或有问题的加工件上进行适用的无损检测和对结果进行该实施细则规定的职责内的评价来证明其熟练程度（2级人员要求解释和评定检测结果）。至少有10个不同的考核点，要求对NDT变素的理解，且公司程序的要求应包含在实际考试中。

（4）其他要求。所有1级、2级和3级人员笔试均应闭卷考试，考试中可能提供必需的资料，如图、表、技术规范、程序等。利用这些参考材料的试题应要求理解信息，而不仅是查找合适的答案。

2）3级人员考试

（1）基础考试（当多于一种方法考试时，要求仅一次）。试题的最小量如下：①与理解ASNT SNT-TC-1A或其他认证文件有关的试题15个；②与适用材料、制造和产品工艺有关的试题20个；③类似于所出版的其他无损检测方法的2级试题20个。

（2）方法考试（对每种方法）。试题的最小量如下：①对每种方法，与方法的基础和原理有关的试题30个；②与技术、程序制定和应用有关的试题15个；③与解释该方法有关的法规、标准和技术规范的试题20个。

（3）专业考试（对每种方法）。试题的最小量如下：有关产品和所采用的方法的规范、设备、技术和程序以及该实施细则管理的试题20个。未达到所要求的分数应等待至少30天。

参考文献

[1] 范伟. 基于ACFM检测技术的系统设计及试验研究[D]. 南昌：南昌航空大学，2014.

[2]《国防科技工业无损检测人员资格鉴定与认证培训教材》编审委员会. 涡流检测[M]. 北京：机械工业出版社，2004.

[3] 李兵. 交流场检测仪器的研制及试验研究[D]. 南昌：南昌航空大学，2013.

[4] 亓和平. 交流电磁场检测技术装备及应用[J]. 石油机械，2005，33(6)：77-80.

[5] 徐根弟，崔纪纲. 一种新型的无损检测诊断技术：交流电场探伤仪(ACFM)[C]. 中国航海学会救捞专业委员会2005年学术年会，长江三峡，2005-09-01.

[6] 徐国梁，邱壮扬. 广泛应用于海上石油平台水下无损检测的设备：交流电场探伤仪(ACFM)[C]. 第八届中国国际救捞论坛，上海，2014-09-18.

[7] 赵艳丽. 交流电磁场检测信号处理方法及应用研究[D]. 青岛：中国石油大学(华东)，2009.

[8] American Society of Mechanical Engineers (ASME). Alternating current field measurement technique (ACFMT) [R]. New York: ASME, 2006.

[9] American Society for Testing Materials(ASTM). E2261 standard practice for examination of welds using the alternating current field measurement technique [R]. West Conshohocken: ASTM, 2017.

[10] Ge J H, Li W, Chen G M, et al. Analysis of signals for inclined crack detection through alternating current field measurement with a U-shaped probe [J]. Insight: Non-Destructive Testing and Condition Monitoring, 2017, 59(3): 121-128.

[11] American Society for Nondestructive Testing (ASNT). SNT-TC-1A personnel qualification and certification in nondestructive testing [S]. Columbus: ASNT, 2020.